CYBER SECURITY and
INTERNATIONAL RELATIONS
A Conflict between Social Solidarity and National Security

TSUCHIYA Motohiro
土屋大洋 著

サイバーセキュリティと
国際政治

千倉書房

写真：橋本タカキ「トウキョウインフラレッド」2014より

はじめに

ハワイ・オアフ島のホノルル中心部からフリーウェイH1で西に向かい、5Bの出口を下りると「クニア（Kunia）」の標識が見えてくる。クニア・キャンプと呼ばれたこの地区には、二〇〇八年までデルモンテのパイナップルとサトウキビのプランテーションがあった。「キャンプ」と呼ばれるのは、プランテーションで働く数百人の労働者たち（その多くはフィリピンからの移民だった）のコテージが並んでいたからである。

かつてプランテーションしかなかったクニア地区は、一九四一年、日本による真珠湾攻撃によってその姿を大きく変えることになる。再びハワイが攻撃される可能性を恐れた米軍はここに、B－17重爆撃機の組み立て・修理が行えるよう設計された「クニア・トンネル」と呼ばれる巨大な地下施設を作った。一九四二年に始まった工事は一九四四年に完成している。結局のところ、この施設がB－17のために使われることはなかったようだが、現在に至るまで軍の施設であることには変わりない。

東西に走るハイウェイと直角に交わるクニア・ロードを北に向かって走ると、左手にワイアナエ山脈が見え、道路の両側には畑とゴルフ場、そして未利用の土地が続いている。しばらく走ると、左手にいくつかのパラボラ・アンテナが見えてくる。米国政府のインテリジェンス機関である国家安全保障局（National Security Agency：NSA）のクニア地域セキュリティ作戦センター（Kunia Regional Security Operations Center）である。かつてのクニア・トンネルは、NSAのシギント（signal intelligence：SIGINT）活動の巨大基地に変わった。ここでは二七〇〇人ほどが働いているといわれている。

SIGINTとは、インテリジェンス（諜報・情報）機関が行う活動の一つで、通信の傍受や暗号の解読などによって敵国などの動向を探ることである。米国の各地に世界のそれぞれの地域を担当する地域セキュリティ作戦センター（RSOC）が置かれており、クニアのRSOC（KRSOC）の役割は、アジア太平洋地域、特に中国の監視だといわれている。しかし、KRSOCの設備のほとんどは地下にあるので、航空写真を見ても、多くの車が停められた駐車場とパラボラ・アンテナぐらいしか目につくものはない。

さらに、クニアからさほど遠くないワヒアワ（Wahiawa）という場所にも海軍との共同施設が作られ、七〇エーカーの土地に一億一八〇〇万ドルをかけたNSAの基地が作られた。この基地は当初、ハワイ地域セキュリティ作戦センター（HRSOC）と呼ばれたり、NSAH（NSA facility at Wahiawa, Hawaii）と呼ばれたりしたが、予定より遅れて二〇一二年一月にオープンした際には、ジョセフ・J・ロシュフォート大佐ビルディング（CAPT Joseph J. Rochefort Building）と名付けられた。ロシュフォート大佐は真珠湾攻撃の前後にハワイで日本の無線の通信傍受を担当した海軍将校である。ロシュフォート・ビルはＫＲＳＯＣを引き継ぐものとされていたが、業務の一部はＫＲＳＯＣにも残されている。ワヒアワの新設された道路の入り口付近には海軍施設を示す案内はあるが、ＮＳＡの名は記されていない。

このＫＲＳＯＣに二〇一二年三月から二〇一三年五月までエドワード・スノーデンがいた。同年六月、ＮＳＡの大量のトップシークレット文書を暴露し、ＮＳＡによる監視活動を告発する契約職員である。正式には、スノーデンは民間企業であるブーズ・アレン・ハミルトン（Booz Allen Hamilton）の社員であった。同社のハワイ支店は、ダウンタウンと呼ばれるハワイの官庁街にある。しかし、スノーデンはダウンタウンのオフィスではなく、ＮＳＡの施設に通ってＮＳＡのための業務を行っていた。

ＫＲＳＯＣから、クニア・ロードをフリーウェイに向かって南下し、最初に現れる住宅街にスノーデンと恋人は住んでいた。閑静な高級住宅街にある平屋の一軒家である。スノーデンは近所とほとんど付き合いのないままここで暮らし、車で一〇分のＫＲＳＯＣに通った。その家を賃貸ではなく販売する気になった家主の要請で、彼と恋人は五月一日に退居している。その後、二人がどこに住んでいたのかははっきりしない。

ある日、スノーデンは上司にてんかんの治療をしたいといって休暇を申請した。母親がてんかんだったので説明しやすかったのだろう。そして、恋人にも行き先や目的を告げず、ホノルル空港に向かった。日頃からスノーデンが恋人に自分の仕事についてどこまで話していたのかは判然としないが、仕事で家を空けることはよくあったという。

スノーデンはホノルルから香港に向かった。しかし、ホノルルから香港への直行便はない。最短距離をとったとすれば、東京、上海、ソウル、台北のいずれかを経由したはずだが、他の国や都市に立ち寄った可能性も否定できない。五月二〇日に香港に到着したスノーデンは、ミラ・ホテルに実名で、自分のクレジットカードを使って宿泊し、ジャーナリストのグレン・グリーンウォルドとローラ・ポイトラスを呼び寄せた。機密情報暴露の始まりである[1]。

カリフォルニアで米中首脳会談がおこなわれる直前の六月五日、スノーデンの暴露情報に基づく最初のスクープ記事がガーディアン紙のウェブサイトに掲載された[2]。七日には、今度はワシントン・ポスト紙が「プリズム(PRISM)」と呼ばれるNSAの通信傍受プログラムについて報じた[3]。プリズムは、マイクロソフト、グーグル、アップル、フェイスブックといった米国の名だたるIT(情報技術)企業九社から大量の利用者情報を受け取ることを可能にするNSAのプログラムだった。

例えば、全世界で一〇億人を超えるユーザーを持つソーシャル・ネットワーキング・サービス(Social Networking Service：SNS)フェイスブックのユーザーの多くは、その個人ページに詳細なプロフィールを載せ、プライベートな写真を共有している。もちろんプライバシーを重視し、友人以外はそうした情報を見られないように設定しているユーザーも少なくない。しかし、設定によってシステム上は一見隠されている情報も、NSAはフェイスブックを通じて入手できるようになっていた。

スノーデンがもたらした大量のトップシークレットを入手したグリーンウォルドらは断続的にスクープ記事を出し続け、ドイツのアンゲラ・メルケル首相ら各国首脳の携帯電話などもNSAの傍受対象となっていたことを明らかにするなど、世界に大きな衝撃をもたらした。

とはいえ、スノーデンの暴露した情報は、大枠では新しいものではない。NSAがそうした活動を行っていることは、それ以前に何度も暴露・指摘されてきた。古くは、太平洋戦争直前にフランクリン・D・ローズヴェルト政権が当時の主要電信事業三社から通信内容を受け取っていた。また、二〇〇五年一二月にはニューヨーク・タイムズ紙のジェームズ・ライゼン記者とエリック・リッチブラウ記者のスクープによって、二〇〇一年の米同時多発テロ（九・一一）以降、ジョージ・W・ブッシュ政権が大規模な令状なし通信傍受を行っていることが明らかになり、ブッシュ政権もそれを認めている[4]。しかし、スノーデンの暴露は、それまで考えられていたよりも通信傍受の規模がはるかに大きく、その活動がIT企業の心臓部に深く入り込んでいることを明らかにした。そして、まったく外部の人たちが見たことのなかった本物のトップシークレット文書を提供したことに重要性があった。

情報暴露の後、バラク・オバマ政権は、スノーデンやグリーンウォルドらの人格を攻撃するとともに、スノーデンによる情報暴露は違法であり、NSAの活動はテロを止めるために必要だと主張した。「オープン・ガバメント」を公約とし、人権重視を掲げて成立したオバマ政権が、歴代政権を上回る機密文書を抱え込み、憲法違反の疑いのあるNSAの活動を容認し、米国の内外でテロとは関係のない人々を監視していた事実は、米国政府の信頼を大きく損ねることになった。

当初の報道を受けて、独仏政府などは非難声明を出したが、しかし、そうした国々でも似たような活動がインテリジェンス機関によって行われていることが明らかにされている。また、英国では政府通信本部（Government Communications Headquarters：GCHQ）が米国のNSAと密接な関係を持っていると報道された。GCHQは、米国のNSAのカウンターパートとなる英国のSIGINT機関である。そのルーツは第二次世界大戦中にまでさかのぼり、NSAと同じく当初は秘密の組織だったが、職員のスキャンダルをきっかけにその存在が露見し、徐々に知られるようになっている。

二〇〇一年、欧州議会の特別委員会が出した報告書によって「エシュロン」と呼ばれる通信傍受プログラムが問題になったことがあった。これは、第二次世界大戦中の米英の協力関係を冷戦においても続けるためのプログラムで、二〇一〇年まで機密協定であったUKUSA《ウクサ》協定に基づいて実施されてきた。米英のほか、一九四八年には旧大英帝国系のカナダ、一九五六年にはオーストラリア、ニュージーランドが加わった。しかしエシュロンの情報収集協力は、デジタル時代を迎えて大きく変容しており、その一端をスノーデンは垣間見せたことになる。

スノーデンの暴露から一年たった二〇一四年六月、米国ワシントンDCにあるシンクタンクのアトランティック・カウンシルでサイバーセキュリティを研究するジェイソン・ヒーリーは、「セキュリティ」ではなく、「信頼」に基づいて構築されたインターネットが限界に来ていると主張した。彼は、将来の世代にとって、インターネットが強く、自由で、安全で、すばらしいものではなくなる可能性を指摘し、さらには、インターネットは一九世紀の米国西部のような無法地帯を超え、戦争で破壊され破綻したソマリアのようなのかもしれないとも述べる[5]。

スノーデンは、自分の人生をかけた告発が無視されることが一番怖かったと語っている。彼の望み通り、世界各国のメディアが彼の暴露情報に基づくニュースを大きく採りあげた。暴露された情報があまりに多く、その分析に時間もかかったことから、ニュースは断続的に報道され、一般の関心もなかなか冷めなかった。

ではスノーデンが提起した議論、あるいは、それに関連して提起された議論の本質とは何だったのだろうか。スノーデンは人々のプライバシーが侵害されていることを指摘し、米国政府が米国憲法に違反していることを訴え続けた。

プライバシーという概念をどう捉えるかは容易な問題ではない。もともとプライバシーは米国で「放って置いてもらう権利(right to be let alone)」とされてきた。一八九〇年にはサミュエル・D・ウォーレンとルイス・D・ブランダイスという二人の法律家が書いた「プライバシーの権利(The Right to Privacy)」という論文の中で、イエロー・ジャーナリズムと呼ばれた興味本位の取材から守られることが重要な権利の一つだとされた。その背景には、当時いちじるしい発達を遂げていた写真技術があった。しかし、技術が変わるにつれてプライバシーの概念も変わってゆく。今やプライバシーには、

「忘れられる権利（right to be forgotten）」まで含まれるようになっている。「誰でも一五分間は世界的有名人になれる」、あるいは「人の噂も七十五日」といった言葉があるように、かつては新聞やテレビに採りあげられてもしょせんは一過性のもので、いずれは忘れさられるのが道理だった。しかし、ひとたびインターネットに流通してしまった情報を消去することはきわめて難しい。誤情報や偽情報であっても、一度ネット上にさらされてしまえば、さまざまなところにダウンロードされ、アーカイブされ、コピーされてしまう。

その一方、膨大な情報が集積されているインターネットでは、検索に引っかかりさえしなければ、多くの人の目には触れにくくなる。そこで欧州諸国は、米国グーグルの検索結果において自分の情報が出てこないようにする「忘れられる権利」を実装するようグーグルに求めている。当初、実装を渋っていたグーグルがようやくそれを受け入れると、申請が殺到し、グーグルは対応に追われるようになった。それだけインターネット上でのプライバシーを気にする人が多かったということだろう。

デジタル時代におけるプライバシー権とは、自己情報コントロール権であるともいわれる。忘れられる権利もそれに含まれるだろう。自分についての情報やデータが、どこで、どのように収集され、蓄積・保存されているかを知る権利や、まちがった情報を修正する権利、不当に収集された情報を削除する権利などが認められなければ、放って置いてもらうことも、忘れられることもできない。

では、自己情報とはどこからどこまでを指すのだろうか。無論、自分の部屋にこもっているときに

何をしているのか知られるのは不愉快だろう。しかし、一時期米国のテレビでリアリティショーと呼ばれる一連の番組が流行し、家の中の至る所に取り付けられたカメラがそこに暮らす人々の生活の一部始終を記録し放送したことがある。そこまでいかなくても、人々はフェイスブックやツイッター、グーグルプラスのようなソーシャル・メディアやSNSを使い、自分がどこに誰といて、何をしていて、何を考えているかをインターネット上の不特定多数に発信し続けている。ここで言う「ソーシャル」は社会主義とは関係なく、「社交」や「交際」を意味する。実社会での社交関係をネットワーク上でも再現したり、あるいは、ネットワーク上だけでもつながる人々の関係を可視化したりするサービスである。そうしたサービスは得てしてプライバシーをさらけ出すことになる。自分の部屋を窓からのぞかれるのは嫌なのに、カメラ越しにネットワークを介してのぞかれることは厭わない人もいる。一方で人々はプライバシーの侵害に怒り、他方でプライバシーを垂れ流しにしている。

しかし、そうしたプライバシー情報が政府機関によって収拾され、保存されているとしたら、それを想定内だったという人はあまりいないだろう。クラウドサービスの普及によってきわめてプライベートな情報をあまりにも不用意に送信・保存している人も少なくない。

立場を変え、政府側から見たときにも社会には大きな変化が生じている。かつて政府機関によるインテリジェンス活動は、エスピオナージ（espionage：スパイ活動）と呼ばれた。エスピオナージはときに非合法活動を含みながら、しかし、ほとんどの場合は公開情報に基づき、敵対する国家の要人をターゲットにして情報収集したり、エージェントと呼ばれる人間をリクルートして情報収集させたりすることであった。冷戦時代のエスピオナージはターゲットが誰なのか、何をすべきなのかが比較的はっきりしていた。大多数の安全のためにごく少数が、具体的にはソ連や中国、東側諸国の指導者や技術者がターゲットにされていた。

ところが近年、ターゲットははっきりしない。それは敵国の指導者や技術者ではなく、テロ・グループに密かに参加し、突然テロを起こす普通の人びとである。さらには、敵国や第三者だけでなく、自国内にもテロリストが紛れ込んでいる。「ホーム・グロウン（home grown：地元産）」と呼ばれる自国民のテロリストも出てきている。彼らの多くは移民の二世、三世などで、米国や欧州諸国の国籍を生まれながらに有しつつ、文化的・人種的な背景から社会に溶け込めず、違和感を抱えたまま生活しており、時にそれが動機となってテロ活動へつながってしまう。しかし、正当な国籍を有しているため、インテリジェンス機関側からすればエスピオナージの対象としにくい。多くの民主主義国家は、外国人の人権を比較的軽く見ながらも、自国民の権利は厚く守らなくてはならないからである。そして、自国で暮らす彼らは入出国に伴うパスポート・コントロールを受けず、社会の中で普通の暮らしを装いながらテロ活動の準備を行う。つまり、かつてのようなエスピオナージでは対応できず、広く網を張るかたちのサーベイランス（surveillance：監視）が必要になってきている。

テロ活動の中でも、近年増加中で、今後大きな被害が懸念されているのが、サイバー・テロやサイバー攻撃である。そうした攻撃の多くが、情報通信機器やネットワークを使う以上、SIGINTが最も重要な対策手段になる。ところが、近年のデジタル通信技術の発達は、通信容量を急激に増加させている。電話の代わりに電子メールやテキスト・メッセージが飛び交っている。かつては固定電話が設置されている場所まで行かなければ通話できなかったが、携帯電話があればどこでも通話もデータ通信もできる。SIGINTの対象もまた膨大になってしまっている。政府は膨大な通信容量の中から、危険なメッセージを探し出さなくてはならない。その帰結が、スノーデンが暴露したような大規模な監視活動であった。

民主主義体制をとる国々は今、ジレンマに直面している。自由で透明な情報の流れを確保しながらプライバシーも守り、テロのリスクを受け入れるというのが望みうる最上の選択肢であろう。その一方には、安全を最優先にし、政府等による監視を必要悪として受け入れ、不自由な情報の流れに甘んじるという考え方もあろう。誰にとっても、安全かつ自由な情報の流れが良いはずである。ここで言う自由には、プライバシーが守られ、思想・信条・表現の自由が確保されている状態も含まれている。しかし、安全と自由を両立する解決法はますます困難になっている。

民主主義体制をとらない国では、自由を抑圧する傾向がある。国民の安全の名の下に、体制側にとって有利な秩序の維持を求める。指導層が十分な政治的・財政的・技術的リソースをもっていれば、選択は容易である。しかし、個人の自由を保障しようとする民主主義体制の下では、安全が脅かされてなお、選択は容易ではない。民主主義体制の理想は、外にも内にも安全への脅威やリスクがないことが前提となっている。戦時体制下において人々の自由やその他の人権が制限されやすいことは歴史が示している。民主主義は脆弱な統治基盤の上には成立しにくい。

民主主義を国是とする米国でこの問題が起きたことは、現代の問題の深刻さを象徴している。スノーデン問題は、単なるインターネットの自由や通信の秘密の問題ではない。国の存続基盤と構成原理につながる問題なのである。

冷戦さなかの一九六一年一月、任期満了を迎えたドワイト・アイゼンハワー米大統領はその退任演説の中で、軍産複合体が行使しうる国家や社会に対する過剰な影響力ついて懸念を表明した。今日の米国では「サイバー軍産複合体」が肥大化しつつある。軍事的な思考が政府の政策に多大な影響を与えるようになっている。冷戦時代の軍産複合体はミサイルや戦車、戦闘機、戦艦、潜水艦といったハードウェアの生産・調達を通じて多大な利益をもくろむ産業界の意向と、予算と人員の拡大を求める軍の意向が合致することで成立していた。現在のサイバー軍産複合体は、ソフトウェアやシステム開発によって利益を上げる新たな産業界と軍が結びついている。例えば、航空機製造の雄であるボーイング社は、サイバーセキュリティのシステム開発に力を入れており、大々的な宣伝活動をしている。軍事コンサルティング会社はサイバーセキュリティの危機を過剰なまでにあおり、軍、政府、民間の顧客拡大に力を入れている。九〇年代初頭には国際政治の舞台からソ連が退場し、冷戦構造は崩れた。

二〇〇九年に就任したオバマ米大統領は、核廃絶を謳《うた》ってノーベル平和賞を受賞した。少なくともオバマ政権下では核ミサイルによる軍拡を望めない。有《あ》り体《てい》に言って、新たな稼ぎどころは中国とサイバーセキュリティである。

本書の目的は、非伝統的安全保障の一環として注目されるサイバーセキュリティにおいて、今日、インテリジェンス機関がどのような役割を果たしているのかを検討することである。

サイバー・テロやサイバー攻撃の可能性は、一九九〇年代からすでに指摘されていた。しかし、そのほとんどはいたずら目的であったり、国家機能にインパクトを与えるほど甚大ではなかったりした。ところが近年、国家機能・社会機能に実際に影響をおよぼすサイバー攻撃が見られるようになってきた。

サイバー攻撃は、それだけでは人命の損失や物理的な破壊にはつながりにくい。しかし潜在的には、重要インフラストラクチャへの攻撃などを通じて甚大な影響が生じうる。そのため、各国はサイバー攻撃からの防御態勢を固めるとともに、他国へのサイバー攻撃を視野に入れたサイバー軍の創設を進めている。米軍では二〇〇九年に戦略軍（USSTRATCOM）の下にサイバー軍（USCYBERCOM）が創設されている。専守防衛を旨とする日本の自衛隊でも二〇一三年度末にサイバー防衛隊が発足した。

サイバー攻撃への対処には、単純な軍事的対応では不十分である。というのも、「サイバー攻撃」を厳密に定義することは難しく、サイバー犯罪、サイバー戦争、サイバー・テロなどの概念が重なり合うグレーな領域となっているからである。サイバー犯罪であれば警察が対処すべき問題であり、国家間のサイバー戦争であれば軍隊が対処すべきである。しかし、そのどちらとも言いがたいサイバー・テロには、それを未然に防ぐためインテリジェンス機関による対応が求められる。

実際、サイバー攻撃対処にあたっては、各国のインテリジェンス機関が重要な役割を果たしている。米国のサイバー軍の司令官は、インテリジェンス機関であるNSAの長官キース・アレグザンダー陸軍大将が兼任し、二〇一四年四月には二代目の司令官としてマイク・ロジャース海軍大将が着任している。NSAが国防総省傘下のインテリジェンス機関であることから、アレグザンダーとロジャースは現役軍人のままNSA長官を務め、サイバー軍の司令官も務めている。英国では、GCHQがサイバー攻撃対処において最も重要な役割を果たしており、保安局（Security Service：SS。「MI5」の通称で知られる）や秘密情報サービス（Secret Intelligence Service：SIS。「MI6」の通称で知られる）と協力しながら対処している。韓国では国家情報院（National Intelligence Service：NIS）がインターネット振興院（Korea Internet & Security Agency：KISA）などと協力しながら対処している。ロシアではソ連時代の国家保安委員会（KGB）の流れをくむ連邦保安庁（FSB）が主たる役割を担う[6]。

サイバーセキュリティに関する情報収集活動は、前述のSIGINTに分類される。従来のSIGINTは、電波傍受を主体にしていた。しかし、近年では電波を使った通信の割合は下がり、光ファイバーを使った傍受が必要になっている。光ファイバーの場合は技術的に第三者が傍受することは難しく、また通信量が膨大になっているため、通信事業者の協力が欠かせない。二〇〇一年の米同時多発テロ（九・一一）以降、特にその重要性が高まり、それが、スノーデンが暴露したプリズムなどにつながっていく。

こうしたSIGINTを規制する米国法として外国情報監視法（Foreign Intelligence Surveillance Act：FISA）が存在する。この法律は一九七〇年代のリチャード・ニクソン政権によるウォーターゲート事件を契機として作られた。ウォーターゲート事件では、ニクソン政権がインテリジェンス機関を野党対策という国内問題のために濫用したことが問題となった。そこで、国内でのインテリジェンス活動を規制し、特に米国民のプライバシーその他の権利を守るために作られたのがFISAである。しかし、この法律がデジタル時代のインターネットに対応していなかったことはいうまでもない。九・一一後、ブッシュ政権は愛国者法を成立させ、さらには二〇〇八年にFISA改正法を成立させた。

テロ時代のインテリジェンス活動にデジタル通信の傍受は不可欠になってきている。しかし、日本では、憲法第二一条や電気通信事業法第四条によって、通信の秘密が厳格に保護されてきたため、通信傍受は諸外国と比べて非常に限定されている。二〇一三年六月に政府が決定した新しいサイバーセキュリティ戦略においては、通信の秘密に配慮しながらも、何らかの措置が必要であることが示された。また、日米安全保障体制の枠組みにおける日米協力という観点からも、SIGINTの拡充は求められている。日本が自らへのサイバー攻撃を防ぐとともに、日米協力、ひいては国際秩序の維持のために何ができるかを検討する必要に迫られている。

本書では、サイバーセキュリティにおける今後の課題を、インテリジェンス活動という視点から検討する。インテリジェンス機関が各国のサイバーセキュリティ対策の中心を担っている。しかし、インテリジェンス活動の拡大は、どうしてもプライバシー侵害の側面を持ち、その規制も必要である。

インターネットをはじめとする情報通信ネットワークがグローバルにつながっているため、日本もまたこうした問題に対策を講じなくてはいけない一方で、国際的な連携もまた必要になる。諸外国の事例を相互参照することも重要である。本書は、インテリジェンスの視点で近年のサイバーセキュリティの動向を追うとともに、米国と英国のサイバーセキュリティ政策と組織について検討し、非伝統的な脅威に対応する枠組みを模索する一助としたい。米英の二カ国を選んだのは、スノーデンが暴露した情報が主にこの二カ国のものだからであり、この二カ国が最も批判にさらされているからである。

本書は以下のように構成される。第一章では、本書の分析枠組みについて説明する。第二章では、サイバーセキュリティとインテリジェンス機関の関係を象徴する事件として、スノーデン事件について採りあげる。続く第三章と第四章では、それぞれ米国と英国を対象として、政策と組織について分析する。第五章では、グローバル・コモンズという視点から重要インフラストラクチャ防護について検討する。第六章ではさらにグローバルな場においてサイバーセキュリティとインテリジェンス活動がどのように議論されているかを見ていく。

最後に本書のカバー写真について付言しておきたい。装丁のみならず本文中でも印象的なイメージカットとして用いられた一連の作品は、写真家・橋本タカキさんのポートフォリオ「トウキョウインフラレッド」からお借りしたものである。

いささか現実離れした画像は、一見、それが新宿や渋谷、お台場といった、ごくありふれた風景であることに気づかないほど無国籍感に満ちている。これらのカットは、可視光線をまったく透過しないほぼ真っ黒なフィルターをかけた状態で、デジタルカメラによって撮影された。つまり、厳然とそこに存在し、我々自身よく知っているにもかかわらず、決して肉眼では捉えることの出来ない世界を写し取っている。

可視光線が透過しない故に、露光にも時間がかかる。ほとんどが晴天の日中に撮影されているにもかかわらず、露光時間は短くても一〇秒前後、長ければそれ以上となる。結果として、動きの速い被写体は画像素子に映り込むことが出来ない。表参道や代々木公園を写した、一見、誰も写っていない写真は、行き来する車や人の姿が捨象されたものである。

ネットワークやデジタルの世界にも、通じるところがあるのではないか。私たちはディスプレイ越しに等しく同じウェブサイトや情報に接し、表面的にその恩恵を享受しながら、一皮めくった下にある危機や脅威に気づかない。あるいは、本来見えないはずのものが見えていても、見えるはずのものが見えていなくても意に介さない。

民主的な政治体制に基づく「自由」な市民社会という前提を、高度にグローバル化されたネットワークや安全保障といった別の視座から見つめ直そうとする本書のコンセプトを、デザイン的に可視化してみようと考えたひとつのチャレンジの結果である。

サイバーセキュリティと国際政治

目次

第3章 米国のインテリジェンス機関とサイバーセキュリティ 055

第6章 サイバーセキュリティと国際政治 155

第7章 サイバーセキュリティとインテリジェンス 185

凡例

1　本書では、英語の「intelligence」については、「information」と区別するためにあえてカタカナで「インテリジェンス」と表記することにした。そのため、一般的な表記と異なる場合もある。ただし、中央情報局（ＣＩＡ）など訳語が広く定着している場合にはそれを用いた。
2　英語表記については、米、英で単語のスペルが違う場合がある（centerとcentreなど）。現地での表記に合わせたため、本書では統一的な表記にはなっていない。
3　「security」は、日本語では、「安全保障」という意味や、場合によっては「安全」や「公安」、「治安」という意味でも用いられる。あるいは単に「セキュリティ」のままにしておいた方が、意味が通りやすい場合もある。訳文は適宜使い分けた。

第1章 セキュリティとプライバシーのジレンマ

1 コンピュータの位置づけ

インターネットが創られた当初、そのモットーは「自律、分散、協調」であった。インターネットは「ネットワークのネットワーク」であり、それぞれのネットワークは自律的に運営され、権力や機構を集中させない分散型のガバナンスを採りながら、協調を前提としてつなぐということである。

このアイデアは、既存の政治システムとは対照的であった。代表制民主主義とは、意思決定の大半を代表に任せてしまうという意味で他律的であり、国家は機能を分散させるのではなく、中央集権的なガバナンスを求める。そして、二大政党制にせよ、多党制にせよ、それは協調ではなく、対立を前提としたシステムである。こうした既存の政治システムに対するアンチテーゼとしてのユニークさがインターネット・ガバナンスには備わっていた。

一方、コンピュータが発明されてからしばらくは、コンピュータは「テクノクラシー（technocracy）」を助長するものと捉えられていた。テクノクラシーとは、コンピュータが生まれる前の一九三〇年代からあった考え方で、社会経済は資本家ではなく、技術万能主義を唱えるテクノクラート（technocrat：技術官僚）が科学的・合理的に管理するものだという一種の社会改良主義である。それは、第一次世界大戦という、狂気による大戦争に対する反省として生まれた合理性追求の思想でもあった。

しかし、人間は得てして管理されることを嫌うものであり、リバータリアン（libertarian：自由至上主義者）たちからすれば、テクノクラートによる支配は自由を奪うものでしかなかった。したがってコンピュータは自由を奪う敵だと見なされていた。

こうした風潮を変えるきっかけのひとつが、アップル・コンピュータの有名なコマーシャルであった。一九八四年のスーパーボウル（アメリカン・フットボールの王者を決める試合で、米国では非常に高い視聴率を得る）中継時に放映されたコマーシャルは、当時のコンピュータ業界の覇者ＩＢＭと、監視社会の風刺で有名なジョージ・オーウェルの小説『一九八四年[1]』に出てくるビッグ・ブラザーをイメージさせる雰囲気を、アップルのパーソナル・コンピュータであるマッキントッシュが打ち破る姿を描いていた。

ＩＢＭは二〇〇四年にハードウェア部門を中国のＰＣメーカー・レノボに売却し、今日ではシステム・ソリューション中心の会社となっているが、一九五〇年代の大型コンピュータに始まり、パソコンの時代においてもＩＢＭ－ＰＣで成功を収めるなど、コンピュータの歴史に偉大な足跡を残してきた企業であった。しかし、一九一一年創立のＩＢＭの社名が「インターナショナル・ビジネス・マシーンズ」の略であることがいみじくも示すように、当初コンピュータはビジネス向けのメインフレームが中心であり、まったく個人向けのものではなかった。

一九八四年に登場したアップルのマッキントッシュだけがコンピュータの世界を変えたわけではない。マッキントッシュ以前にも、一九七四年に世界初の個人向け組立型コンピュータであるアルテア（Altair）８８００が発売され、後にマイクロソフトを設立するビル・ゲイツなど、元祖ハッカーたちを魅了していく。アップルの共同設立者であるスティーブ・ジョブズもその一人である。アルテア８８００はごく限定的な性能しかなかったが、それでも自分で組み立てられる小さなコンピュータが廉価で発売されたという衝撃は小さなものではなかった。オーウェルが描いたビッグ・ブラザーのように巨大な、人間を管理するためのコンピュータではなく、個人が所有できるコンピュータという点でも大きな転換点であった。

やがてコンピュータは管理の道具ではなく、自由を追求するための道具と見なされるようになっていく。ビル・ゲイツは、より多くの人が使えるようにするためのＯＳ（基本ソフト）としてＭＳ－ＤＯ

Sを作り、後にコマンドラインだけでなくグラフィカルなユーザーインターフェースを使って操作できるOS、ウインドウズを作る。むろん初期のパーソナル・コンピュータは誰にでも使いこなせるものとはいえなかった。特に年長者にとっては意味不明の機械であり、自分たちのこれまでの仕事のやり方を否定する脅威ですらあった。そのため、逆に若いハッカーたちは既存の権威に挑戦するためにコンピュータ、そしてそれをつなぐネットワークを駆使していくことになった。彼らの考え方を端的に示したのが「自律、分散、協調」というスローガンであった。

もともとハッカーという言葉に犯罪的なニュアンスは付帯していなかった。彼らはコンピュータとネットワークの力を信じ、それらをより堅牢にし、脆弱性をなくすため、自身のコンピュータ、ネットワークに関する知識・技術を用いた。

ハッカー用語の一つに「エクスプロイテーション(explotation)」という言葉がある。辞書では「利己的な利用・搾取」といった意味である。ネットの世界では、本来の目的とは異なる使い方をすることを指し、特にシステムの脆弱性を突いた悪用、あるいは脆弱性そのものを探すことをいう。ハッカーたちによる従来のエクスプロイテーションは各種のシステムの脆弱性を探究し、その悪用例を示すことで、管理者に警告を発することであった。

しかし、インターネットが研究者だけのものではなくなり、一九九〇年代半ば以降、急速に商業化するにつれ、そうしたハッキングが金銭的利益を生むことが分かってきた。企業秘密を盗んだり、サービス妨害を行ったりすることで脅迫し、金銭をせしめたり、競合会社からの依頼でサイバー攻撃を請け負ったりすることも始まった。こうして、いわゆる「ブラック・ハット・ハッカー(black hat hacker)」たちが登場してくることになる。「ブラック・ハット(黒帽)」は英語で「悪者、悪党」という意味である。彼らは自らの利益のためにサイバー攻撃を行ったり、サイバー傭兵として雇われたりすることで、莫大な利益を上げることになった。

2　ネットワークの変化

一九九一年の湾岸戦争において米軍はハイテク兵器の圧倒的な威力を見せつけた。そして、ビル・クリントン政権時代の「軍事革命(Revolution in Military Affairs : RMA)」や、ジョージ・ブッシュ政権時代の「トランスフォーメーション(transformaion)」と呼ばれる軍事システムの転換の流れの中で、情報通信技術をいっそう積極的に軍事の中に取り入れてきた。

もともとのインターネットの発想に従い、米軍内のネットワークも「自律、分散、協調」の影響を少なからず受けてきた。各軍・各部隊で、それぞれのニーズにあったシステムが構築されてきた。それは一方では成功といえた。米軍の一つのシステムが攻略されても、被害は一部にとどまり軍全体に及ぶ可能性は低い。しかし他方で、バラバラのシステムは全体の防御コストを押し上げることになった。個別のシステムに応じた防御を行えば、それだけ時間的金銭的なコストがかかる。すべてを一括して守ることはできない。

もともと軍は、ヒエラルキー型の中央集権的統制を求める。そこで、米軍は徐々に、情報通信システムのアーキテクチャを変えようとしてきている。キーワードは「統合情報環境(Joint Information Environment：JIE)」である。

国防総省の資料によれば、米軍の現役の軍人は一四〇万人、それに加えて七八万三〇〇〇人の民間人が請負などで働いている。一二〇万人の州兵と予備役、五五〇万人以上の家族と退役兵もいる。それらの人々が世界一四六カ国以上に散らばり、拠点の数は五〇〇〇箇所を超える。ビルや建物の数にして六〇万棟を上回る。

情報通信システムだけ見ても、システム数は一万を超え、データセンターは一八五〇箇所近くもある。サーバーの数は六万五〇〇〇台弱、コンピュータその他の端末は七〇〇万台以上ある。

脆弱性は無数にあるといっても過言ではない。インターネットにつながっていなくても、これだけの人間がかかわっていれば、誰かが必ずミスをする。作家トム・クランシーはサイバー攻撃を描いた小説『米中開戦』の中で、ウイルスを仕込んだUSBメモリを駐車場に落としておくという作戦を描いている[2]。拾った人の何割かは中身を確かめようと自分のコンピュータにそれを差し込んでしまうだろう。あっという間にウイルスに感染する。この手法は、中東の基地で実際に米軍相手に何者かが行っている。「バックショット・ヤンキー作戦（Operation Buckshot Yankee）」と呼ばれるもので、二〇〇八年には米国防総省のネットワークにウイルス（ワーム）が浸透し、大変な騒ぎになった。「バックショット」とは散弾銃のことで、「手当たり次第」という意味になる。手当たり次第にサイバー攻撃を行えば、中には命中するものもある。

自宅で使っている個人所有のパソコンやｉＰａｄなどを職場に持ち込むことを「ブリング・ユア・オウン・デバイス（Bring Your Own Device）」、略して「ＢＹＯＤ」と呼ぶが、これを「ブリング・ユア・オウン・ディザスター（Bring Your Own Disaster）」、つまり、「自身による災厄の持ち込み」と揶揄する声もある。もはや「自律、分散、協調」ではセキュリティに対応できない。

そこで、米軍は、混乱した情報通信システムを統合し、管理・防御しやすくするために、アーキテクチャ（architecture：構造・仕組み）を改造し始めている。それが先に触れたＪＩＥである。ＪＩＥのキーワードは、安全（secure）、抗堪（resilient）、統合（consolidated）であり、バラバラに運用されていた各種システムを統合して数を減らし、安全かつ使いやすくするというものである。攻撃されないのが一番だが、されてもすぐに回復できる抗堪性が求められる。

こうした改革は民間企業では常に行われているし、米軍もこれまで何度も求められてきた。そもそもブッシュ政権時代にドナルド・ラムズフェルド国防長官が求めたトランスフォーメーションは、冷戦時代の重厚長大型の米軍をポスト冷戦時代の機敏な軍隊に変えることであり、情報通信システム等のハイテクの導入も、まさにそのためであった。しかし、システムの肥大化はかえって作戦を困難にしつつあり、オバマ政権の国防予算カットの波の中で、いっそうのシステムアーキテクチャ見直しが不可避になっている。

新しい環境への移行は、当然のことながら米軍だけではできない。民間の情報通信業界との連携が不可欠になる。そこに昔日の軍産複合体さながらのサイバー軍産複合体が形成されつつある。ワシントン・ポスト紙のデイナ・プリーストとウィリアム・アーキンが『トップシークレット・アメリカ』で明らかにしたように、九・一一以降の米国は、湯水のように情報通信システムを使ってきた[3]。

軍だけではなく、米国のインテリジェンス機関もまた、ＩＣＩＴＥ(Intelligence Community Information Technology Enterprise：アイサイト)と呼ばれる、ＪＩＥと似たようなコンセプトのシステム改革を進めようとしている。米国のインテリジェンス機関は数が多く、縦割りになりがちで、情報の共有が進まない。システムをできるだけ統合するとともに、情報共有を進めることがねらいである。

二〇一一年にテキサス州サン・アントニオでＧＥＯＩＮＴという会議が開かれた。会議名は「geospatial intelligence」の略で、地理空間インテリジェンスのことである。世界に溢れる情報の多くは場所(位置)の情報と結びつくことで意味をもつ。例えば、テロリストを特定できたら、その次に重要なのはテロリストがどこにいるかという情報である。それ故に、インテリジェンス機関は世界のあらゆる土地の地理空間情報を集め、いざという時に活用できるようにしておく必要がある。それがＧ

ＥＯＩＮＴである。

この会議で米国の国家情報長官（Director of National Intelligence：ＤＮＩ）のジェームズ・クラッパーが、インテリジェンス・コミュニティのＩＴアーキテクチャを統合するための計画としてＩＣＩＴＥの構想を明らかにした。二〇一三年八月にはインテリジェンス・コミュニティ共通のデスクトップ、クラウドサービス、アプリケーションなどが提供され始めた。

悪者のブラック・ハットにとっても、善良なホワイト・ハットにとっても、こうしたアーキテクチャの変化は大きな挑戦になる。軍やインテリジェンスのシステム改革が進めば、ブラック・ハット・ハッカーたちは新たな攻撃手法を編み出すだろう。守る側のホワイト・ハット・ハッカーたちにはつかの間の休息が訪れるかもしれないが、いずれ、新たな防御の課題が現れるに違いない。

米軍の動向がインターネットの根幹思想を簡単に変えるわけではない。しかし、軍からの資金が民間のビジネスに影響することはこれまでもよくあった。いずれにせよ、これまでのインターネットのありかたには限界が見えてきている。

3　インテリジェンス活動の変化の背景

本書の問題意識は、なぜサイバーセキュリティにおいてインテリジェンス機関が中心的な役割を担っているのかという点にある。一義的に答えるならば、問題に最も適切に対応できるのがインテリジェンス機関だからということになる。すでに行われた犯罪の実行者を逮捕し、訴追するのは法執行機関（警察）の役割になるが、サイバー攻撃が単なるサービス妨害や情報窃取にとどまらず、人的・物的被害が予見され、それが国境を越える安全保障問題となる可能性があることが理解されると、事前にサイバー攻撃を予期・防止し、潜在的な攻撃者を特定することが求められるようになる。それは「はじめに」でも述べたように、従来、インテリジェンス機関が行ってきた、外国政府の軍事的・政治的な秘密について探る「エスピオナージ」と呼ばれるスパイ活動に近いものである。

しかし、スノーデンによる機密情報暴露は、米国でサイバーセキュリティを担うNSAや英国で担うGCHQの活動が、エスピオナージを超える大規模な「サーベイランス」へと移行していることを示した[4]。サーベイランスとは、識別可能であってもなくても、個人に関するデータのあらゆる収集と処理のことであり、それはデータを蓄積される個人に影響を与えたり、あるいは管理したりする目的で行われる行為である[5]。

従来からNSAによって「すべては傍受されている」と噂されていたが[6]、その実態はよく分かっていなかった。ところが前述のように、九・一一後のブッシュ政権下において、法律上必要とされていた令状をとらずにNSAが大量の通信傍受を行っていたことが明らかになり、従来とは異なる活動にNSAが従事していることが徐々に知られるようになってきた。

エスピオナージからサーベイランスへという移行の要因を突き詰めると、三つの変化が関係していると考えることができる。

第一に、対象の変化である。いい換えれば、脅威からリスクへの変化である。デンマークの政治学者ミゲル・ヴィズビュー・ラスムセンは、冷戦時代のソビエト連邦は計算可能な脅威だったのに対し、現代は計算不能で完全に押さえ込むことのできないリスクにさらされるようになっていると指摘している[7]。冷戦時代は東西対立といわれたように、対立勢力と対立軸がはっきりし、脅威の源泉が明らかであった。それゆえに、脅威の計算に基づく抑止や信頼醸成が可能であった。しかし、非対称戦争の時代においては、国家の敵はもはや国家のみならず、個人や非国家組織までもが含まれる。計算可能性は冷戦時代と比べ、いちじるしく低くなっている。これが第一の要因である。

第二に、コストの変化がある。通信情報がデジタル化され、収集・保存・検索・分析のコストが劇的に下がった。アナログ情報を収集・保存・検索・分析するには多大な人手がかかるが、デジタル情報はコンピュータを活用でき、情報量が増えても対応しやすくなった。また米国のインテリジェンス・コミュニティでは、人間によるインテリジェンス活動であるヒューミント（Human Intelligence：HUMINT）よりも技術によるインテリジェンス活動を推奨する風潮が強くなり、その結果としてのSIGINTには予算が付きやすくなった。

その反面、インターネットや携帯電話の普及によって通信量が膨大になり、いちいち令状を取る手間という意味でのコストが高くなった。少数の対象者を追うだけなら可能だとしても、多数の潜在的対象者を追う際に、いちいち令状を取ることは不可能である。そのため、個々の令状をとらない形での通信傍受が求められるようになった。ジョージ・W・ブッシュ政権は、大統領権限でそれを可能にし、二〇〇八年の法改正で議会は、これを時限付きながら追認している。これらの点からサーベイランスのコストは大幅に低減され、そのことが需要を増大させた。

第三に、社会の変化がある。サーベイランスの拡大は、当然のことながらプライバシー侵害の可能性を高めることになる。しかし、ITの普及は、プライバシー侵害の事例を増やすと同時に、人々が自らプライバシーをさらけ出す行為も増加させている。フェイスブックやツイッターといったソーシャル・メディアによる日常生活の出来事や写真の共有は、プライバシーの露出そのものである。テロリストやサイバー攻撃の主謀者たちがソーシャル・メディアで自らのプライバシーをさらすとは考えにくいが、彼らも携帯電話や電子メールを使うことがある。それらの交信情報を解析すれば、組織のネットワークが浮かび、行動パターンが見えてくることもある。アクセスしやすい情報が増えたことが、サーベイランス活動の拡大を促す要因となっている。

他方、ITの普及は、国家だけでなく、個人や少数者のグループにもサイバー攻撃力を付与することになった。そしてサイバー攻撃者はデジタル・データの洪水の中に身を隠し、容易に姿を現さなくなった。すなわち、アトリビューション(attribution)問題の台頭である。

4　アトリビューション問題

いわゆる「サイバー攻撃（cyber attack）」を含む広い意味の言葉として「サイバー作戦（cyber operation）」がある。国際法の文脈では、それは「サイバースペースにおいて、あるいはそれを利用することによって目標を達成することを主目的としてサイバー能力を用いること」とされている。それに対して、「サイバー攻撃」とは、「攻撃的であろうと防衛的であろうと、人にけがをさせたり、死に追いやったり、あるいは物に損害や破壊を引き起こすことを合理的に期待されたサイバー作戦」を指す[8]。

一般的には、通信機能の妨害を企図した「分散型サービス拒否（Distributed Denial of Service：DDoS）攻撃[9]」や、情報の窃取を狙う「高度で執拗な脅威（Advanced Persistent Threat：APT）」と呼ばれる手法もサイバー攻撃と呼ばれる。上述のような人的・物的被害を伴うことを条件とする狭義の定義では、こうした手法はサイバー攻撃と呼ばれないことになるが、広義には含まれることが多い。

サイバーセキュリティをめぐる最大の問題の一つが、アトリビューション問題である。「アトリビューション」とは、一般的には「所属や属性」という意味だが、この場合は、サイバー攻撃の主体が誰なのかという問題である。サイバー攻撃の主体は国家や軍隊に限定されず、個人や少数者のグループ、犯罪組織、企業、反政府団体、テロ・グループ、国家組織、軍隊など多様であり、非政府主体対非政府主体、国家対国家、非政府主体対国家といった対立軸があり得る。高度なサイバー攻撃を実施できる主体は、攻撃の痕跡を消したり、第三者に偽装したりすることが可能であり、真の攻撃者を特定するのは困難である。

　数あるサイバー攻撃の事例の中で、アトリビューションが比較的はっきりと示されたものとしては、ブラック・ハット・ハッカーの集団として知られるアノニマス（Anonymous）とラルズセック（LulzSec）の例があるだろう。アノニマスは、日本の2ちゃんねるを模倣した4ｃｈａｎ《チャン》という電子掲示板サイトを通じて自然発生的にできた集団で、組織としての実体性は伴わないものの、それぞれが個別にアノニマスのメンバーを自称しつつ、ときにオンラインで組織化を行い、ターゲットに向けてサイバー攻撃を行っていると推測されている。ラルズセックは、アノニマスから派生した急進的なグループで、民間企業やＣＩＡに対するサイバー攻撃を行ったとされている。アノニマスの実態はそれほど明らかになっていないものの、ラルズセックは六人の若者によって構成されていたことが明らかになった。そのうちの一人が米国のニューヨークで逮捕され、彼が司法取引に応じてＦＢＩの捜査に協力したことから、二〇一一年九月までに、六人のうち五人が米国、英国、アイルランドで逮捕されることになった[10]。これはきわめて例外的な事例といえるだろう。

　もう一つ、アトリビューション問題との関連で注目すべきは、二〇一三年二月に米国のセキュリティ会社マンディアント（Mandiant）が発表した報告書「ＡＰＴ1」である[11]。二〇一三年はじめ、米国のメディア関連企業にサイバー攻撃が相次いでいた。アップル、ツイッター、フェイスブックをはじめ、新聞社や放送局も対象となった。特にニューヨーク・タイムズ紙は、二〇一三年一月、中国から見られる大規模なサイバー攻撃を受けたと発表していた。その原因は、二〇一二年一〇月に同紙が中国の温家宝首相の不正蓄財に関するニュースを報じたことにあると見られている[12]。記事を書いた記者のアカウントのパスワードが盗まれ、情報源を探ろうとする動きが探知されていた。

そして、二〇一三年二月一九日、マンディアントが報告書を発表し、上海にあるビルが中国人民解放軍の61398部隊によって使われ、そこから欧米などへのサイバー攻撃が行われていると指摘した[13]。同部隊は、上海の浦東新区にある高橋鎮の大同路にあるビルに入っているという。このビルのある地区は地元の人たちには軍事地区として知られており、周囲には軍人のための集合住宅が多い。

この部隊についての情報は初出ではない。その二年前の二〇一一年に米国のプロジェクト2049研究所が出した報告書で触れられていたからである。この報告書によれば、人民解放軍の総参謀第三部の第二局が61398部隊とされ、この部隊は、従来、外国人が関与する外交・軍事・国際通信の監視、信号・通信情報活動(SIGINT)を担当しており、単独の部門としては中国のインテリジェンス機構の中で最も規模が大きいとされている。第三部には一三万人の要員がいるが、そのうち第二局(61398部隊)は米国とカナダを対象とする主要な部局で、政治、経済、軍事関連の情報を収集している。関連オフィスは上海に集中しているという[14]。

マンディアントの報告書はある意味で後追いである。しかし、図表や写真を多用し、実際にサイバー攻撃を受けたニューヨーク・タイムズ紙が大々的に採りあげたことから、世界中で話題となるインパクトを持った。

さらにいえば、この報告書は、オバマ大統領が二〇一三年の一般教書演説を行ったちょうど一週間後に発表されている。オバマ大統領は演説の直前に大統領令に署名し[15]、なかなかサイバーセキュリティ関連法案を可決しない議会にも注文を付けていた。一連の動きはサイバーセキュリティ関連の予算拡大と法案成立を求める政治的なショーとなった。

マンディアントは二〇一三年一二月に同業のファイア・アイに買収されるが、そもそも軍・政府関係者によって設立された企業であった。政権との密接な情報交換・共有があってもおかしくない。すでに業界内では知られていた61398部隊だったが、中国からのサイバー攻撃が執拗かつ拡大中であること、同部隊についての情報は大々的に広めても米国政府によるインテリジェンス活動に支障がないことが確認されたため、ショーアップされたと見るべきだろう。

NSA長官やCIA長官を務めたマイケル・ヘイデンは、「すばらしい報告書」だとし、「公開すべき時期に来た」と指摘した。マンディアントの創業者であるケヴィン・マンディアは、公開した理由を「民間部門には不満が山のように積もっている。寛容さは縮小している。われわれのところにはそうした不満を感じる元軍人の職員もおり、『これを押し出してやろう』ということになった」と説明している。マンディア自身、米空軍でサイバーセキュリティを担当していた元軍人である[16]。

マンディアは、この報告書においては「決定的証拠」をあえて書かなかったという。中国側が否定できる余地を残すことで、彼自身やマンディアントの社員に身の危険が及ばないようにするためだったと示唆している。同社は、「APT1」に限らず、多数の攻撃元を特定しており、世界中で三〇〇の異なる攻撃グループを把握し、そのうち二〇〇については「誰なのか」を特定していたともいう[17]。

それから一五ヵ月後の二〇一四年五月、米国司法省は、マンディアント報告書で名指しされた61398部隊において中心的な役割を果たしたとされる五人を指名手配し、容疑者不在のまま起訴すると発表した。以前から五人は特定されていたものの、政治的な配慮から発表されていなかった。しかし、二〇一三年六月の米中首脳会談後も同部隊の活動が止まらないため、公表に踏み切ったとされている。

また、マンディアントによる報告書公表の翌月にあたる二〇一三年三月には、韓国に対するサイバー攻撃が行われ、韓国の放送局や銀行のシステムが一部機能しなくなった。調査・分析を行った韓国政府は、この攻撃が北朝鮮によるものと発表した。関係者によれば、IPアドレスなどの情報を追跡し、他の情報とつきあわせて分析した結果だという[18]。

二〇一四年六月にはクラウドストライク(CrowdStrike)という民間のセキュリティ会社が、6139

8部隊とは別の人民解放軍61486部隊がサイバー攻撃に関与しているとの報告書を発表した。この部隊は人民解放軍総参謀部第三部の第一二局に属し、上海に拠点を置いている。報告書はチェン・ピンという部隊員を特定し、彼自身やオフィスの写真を公開した。クラウドストライクは同部隊のサイバー攻撃を「パター・パンダ」と命名し、欧米の人工衛星、航空、通信産業が狙われているとも指摘している[19]。61486部隊の拠点とされるビルは、61398部隊のビルよりも市内に近く、一般の目に触れやすい場所にある。しかし、そのビル自体は軍事禁区とされ、近づきがたい雰囲気を漂わせている。

しかし、ほとんどのサイバー攻撃において、主謀者が判明することはない。仮に判明したところで、攻撃者が外国にいる場合には逮捕・拘束されることはほとんどない。そのため各国の政策担当者は、犯罪行為と戦争行為の間のグレーゾーンにあるサイバー攻撃にどう対処するか対応に困惑している。犯罪が起きてからそれを証明し訴追するのが目的の法執行機関ではサイバー攻撃を防止できない。むろん何も起きていない段階から軍隊が動くことは不可能である。攻撃者がはっきりしていない段階では抑止も効かない。したがって、暫定的な結論としてインテリジェンス機関が対応することにならざるを得ない。

インテリジェンス機関にとっても、冷戦という分かりやすい枠組みに対処するための態勢からの脱却が課題となっていた。敵がいなくなればインテリジェンス機関の存在価値そのものが疑われる。一九九一年にソビエト連邦が消滅すると、いよいよインテリジェンス機関は逆風にさらされることになった。しかし、九・一一はそれを帳消しにし、テロ対策がインテリジェンス機関の新たな役割となった。そして、その範囲はサイバーセキュリティにも拡張されるようになった。

5 米同時多発テロのインパクト

九・一一は、ニューヨークの世界貿易センタービルやワシントンDCの国防総省ビルなどを破壊した物理的なテロだが、実行したアルカイダは現代の米国の技術文明の象徴的存在であるインターネットを駆使していた。その点で、後のサイバーセキュリティ論議の発端でもあった[20]。

テロを防げなかった責任はインテリジェンス機関に対して向けられたが、当時一三あった米国のインテリジェンス機関を束ねる中央情報長官(Director of Central Intelligence: DCI)を兼任する中央情報局(Central Intelligence Agency：CIA)長官のジョージ・テネットは、テロ後も解任されず、連邦捜査局(Federal Bureau of Investigation：FBI)長官のロバート・モラー、NSA長官のマイケル・ヘイデンらも留任した(モラーFBI長官は就任してからわずか一週間だった)。そして、インテリジェンス改革とテロ防止法(The Intelligence Reform and Terrorism Prevention Act of 2004)によって組織改革が行われ、DCIの代わりに国家情報長官(DNI)のポストが新設され、国土安全保障省(Department of Homeland Security：DHS)

も新設された。

そして、インテリジェンス機関の予算は削られるどころか、次のテロを防止するために増額され、インテリジェンス活動を肥大化させ、サーベイランスのための巨大な軍産複合体を創り出した。不安の文化がカネを注ぎ込む文化を創り出した[21]。テロリストたちがインターネットを駆使していたことから、インターネットのモニタリングも重要な課題となり、サイバーセキュリティもまた、肥大化するインテリジェンス活動に飲み込まれることになった。各種のインテリジェンス活動の中でも、SIGINTは九・一一によって最も変質したといえるだろう。

サイバー攻撃の目的は個人的なものから国家による戦争行為にまで及ぶ。大別してそれらは、①物理的な破壊（ダムの決壊や飛行機の衝突など）、②金銭的な詐取（銀行口座への不正アクセスや証券詐欺など）、③心理的操作や示威的行為（ウェブの書き換えやサービス障害など）、④秘密裏の工作活動に分けられるだろう。

本格的な国家間におけるサイバー攻撃の事例と位置づけられているのが二〇〇七年春に行われたエストニアに対するDDoS攻撃である。これは、不特定多数のユーザーのコンピュータにウイルス等を感染させ、リモートコントロールによって標的となるコンピュータに一斉にアクセスさせることにより標的の処理能力を奪い、サービス等を不能に陥らせる手法のことである。さらに、二〇〇八年には、シリアで建設中の核施設と見られる建物にイスラエルがサイバー攻撃を併用しながら空爆を行ったとされている[22]。二〇〇九年には米韓に対する同時多発DDoS攻撃が行われる。二〇一〇年にはイランの核施設に対してサイバー攻撃が仕掛けられ、遠心分離機に不具合が生じた。二〇一一年の日本の東日本大震災に乗じて標的型電子メール攻撃が行われるとともに、防衛産業に対するサイバー攻撃も明るみにでた。

そして、二〇一三年六月、スノーデンの大量機密暴露が始まった[23]。米国政府だけでなく、米国政府と密接な協力関係にあることが暴露された英国政府に対しても批判が高まった。特に、ドイツやブラジルなどの国々の首脳が通信傍受の対象になっていたと報道されると、各国での批判の声はさらに高まった。

大規模なサーベイランスが露見すれば、こうした批判にさらされる危険性は明らかだった。協力してきたIT企業にとっても良いことはない。それでもサーベイランスを行っていたとすれば、サイバーセキュリティにおけるインテリジェンス機関の役割とはいったいどのようなものなのだろう。

6　民主国家のジレンマ

冷戦が終わった一九八九年、ジョンズ・ホプキンス大学のフランシス・フクヤマはナショナル・インタレスト誌に、論文「歴史の終わり?」を発表し、リベラルな民主主義が体制論争に勝利して「歴史の終わり」が来たと論じ、大きな反響を呼んだ。しかし、その後、フクヤマは、二〇〇二年に刊行した『人間の終わり』の中で、「この拙稿に対する多くの批評を通じて考えさせられたが、唯一反論できないと思ったのは、科学の終わりがない限り、歴史も終わるはずがない、ということだった」と述べ、バイオテクノロジーの進化について論じている[24]。

科学と技術の進化の歴史は、今のところ終わる気配はない。どこの国も多額の研究開発予算を計上し、科学者・技術者は競争に取り組んでいる。バイオテクノロジーに限らず、宇宙や海洋には未解明の問題がたくさん残されている。それを支えるコンピュータの世界もハードウェアとソフトウェアの両方で発展の余地を多く残している。サイバーセキュリティという新たな問題が登場してきたのも、それが発展途上にあるからであろう。

リベラルな民主主義の勝利というフクヤマの仮説も、安全が確保された一部の国々に限定されているように見える。発展途上国がいずれリベラルな民主主義を求めるだろうというのがフクヤマの見立てだったが、一向にそうした方向に歩み出さない国々もある。九・一一後の戦争を経てアフガニスタンとイラクは民主化への道を歩むはずだったが、その足取りは遅々として進んでいない。形式的な民主政府が成立してはいるが、その存立基盤は弱く、不正や腐敗は根強い。反政府勢力も暴力を捨て去ってはいない。

民主主義の発展と安全の確保のどちらが先かという問いは、ニワトリとタマゴのような関係にあるのかもしれない。しかし、どちらかといえば「民主主義が根づいた故に国民の安全が確保されるようになる」いう因果関係より、「安全が徐々に確保され、暴力的な問題解決の可能性が減ることで民主主義が成長する」いう因果関係のほうが有力であろう。

この問題はかつての近代化論や開発論の中で、発展途上国を対象に論じられてきた。しかし、米国や英国のような先進国での安全がテロによって脅かされるようになってきた今、この議論はどう展開していくのだろうか。

おそらく、先進国の政治指導者たちは自国における安全の崩壊には耐えられないだろう。自分の政権下において大規模な治安問題が発生すれば、責任をとるための辞任を回避できたとしても、被害の回復と再発防止に力を入れざるを得ない。二〇一一年三月一一日の東北地方太平洋沖地震と津波は自然災害だったが、時の菅直人政権は、その対応をめぐって厳しい評価にさらされることになった。九・一一に直面したジョージ・W・ブッシュ大統領は、アルカイダを前に団結した国民の支持を受けて戦争大統領へと変身し、テロ再発防止のために多大なセキュリティへの投資を促し、憲法違反の可能性のある数々の措置を執った。

オバマ大統領はこうしたブッシュ政権の措置を批判して二〇〇八年の大統領選挙を戦った。オバマ大統領が上院議員時代に書いた自伝『合衆国再生』には、上院議員としてのオバマがブッシュ大統領に対して最初に持った印象は悪くなかったが、九・一一対策に失望したことが書かれている[25]。そして、中東のテロ容疑者たちを収容したキューバのグアンタナモ（Guantanamo）基地を閉鎖することもオバマの大統領選挙公約の一つだった。しかし、それは政権二期目の中間選挙を終えても実行されておらず[26]、オバマのテロ対策はブッシュのそれをむしろ強化していくことになる。NSAによる大規模通信傍受も中止・縮小されるどころか、ブッシュ政権時代より拡大していると見られている。

選挙で選ばれた政治指導者たちにとっては民主的な制度こそ自分たちの拠って立つ基盤である。国民からの支持があるからこそ、その立場に就いたのであり、国民を裏切ることは自身の正当性を危うくする。選挙で選ばれた指導者たちが就任した途端に国民を裏切るならば、それは制度として破綻状態ということになるだろう。

それでもなお彼らは、安全か、自由か、という選択を迫られたとき、どちらを選ぶのかという深刻なジレンマに陥る。民主主義体制においてはどちらも死活的に重要な問題であり、ないがしろにはできない。権威主義体制をとる国では、自由を犠牲にしても安全をとることは可能だろう。政権を強固にするためのリソースがあればそれを使わないはずはない。言論の自由を抑圧し、政敵を監視することも厭わない。それに対して、民主的なリーダーは簡単にどちらかを捨て去ることはできない。

オバマは、二〇〇八年の歴史的な選挙を勝ち抜いて大統領に就任した後、米国の安全保障という現実に直面しなくてはならなかった。テロの可能性が本当にどれだけ差し迫ったものなのかは、外部の人間には分かりにくい。大統領は日常的にインテリジェンス・コミュニティの分析をまとめたブリーフィング（要約報告）を受ける。そこで説明される脅威とリスクに得心したからこそ、オバマは公約を実質的に反故にし、セキュリティの強化を認めることになったのではないだろうか。その脅威とリスクが本物かどうかは認識の問題でしかなく、外部の人間が見れば差し迫ったものには感じられないかもしれない。しかし、オバマ大統領はそれを認めたということだろう。

確かにNSAによる大規模な通信傍受は、行き過ぎという認識を大衆に与えるのに十分な規模である。常識的に考えて何百万人もの人間がテロに関係しているとは思えない。にもかかわらず、メタデータ（metadata）と呼ばれる通話記録を大量にインテリジェンス機関は集めていた。これには多くの有力IT企業が一般利用者のデータを提供していた。こうした報道が相次いだ後でも、オバマ大統領はNSAをはじめとするインテリジェンス機関の活動そのものを全否定することはなかった。大統領は国民に見直しを約束し、改革提言をまとめる委員会を組織し、提言を受け入れてメタデータの直接的な収集をやめることにした。しかし、それでも、SIGINTの有用性そのものは否定しない。

二〇一四年六月、オバマ大統領の支持率は、イラク戦争をめぐる失敗で人気を落としたブッシュ大統領に並んだ。国民の支持を得られないことは、政治指導者にとってはつらいことだろう。それでも人気取りのための政策転換を行わないところに、民主主義体制における政治指導者のジレンマが現れていると見るべきだろう。

以下では、こうした認識に基づいて、スノーデン事件のインパクトを検討した後、米国と英国でどのような政策がとられ、どのような組織が対応しているのかを見ていこう。

第2章 スノーデン事件のインパクト

1 様変わりした一般教書演説

二〇一四年一月二八日、米国のオバマ大統領は、議会で一般教書演説を行った。その中で「サイバー」という言葉は「防衛を強化し続け、サイバー攻撃のような新しい脅威と戦う」という[1]流れで一度登場しただけであった。それは見る者に、わずか一年前の二〇一三年二月一二日に行われた一般教書演説と大きく様変わりした印象を与えた。二〇一三年の演説でも「サイバー」という言葉は二回しか使われていないが、それは二段落にわたって説明されており、演説の前に署名した大統領令にも言及しながら、議会に法案の可決を強く求める内容であった[2]。

この一年間に何があったのだろうか。サイバーセキュリティはもはや問題ではなくなってしまったのだろうか。実際には、二〇一三年の二月から二〇一四年の一月まで、サイバーセキュリティをめぐる事態は激動の一年だったといって良い。第一章で紹介したように、二〇一三年二月に中国の61398部隊に関するマンディアントの報告書が発表され、翌三月には韓国が北朝鮮によるものと見られるサイバー攻撃を受けた。

それだけではない。二〇一三年六月五日、米通信事業大手のベライゾンが大量の顧客通信データをNSAに渡していたという報道が英国ガーディアン紙の米国版ウェブサイトでなされた。続いて六月七日には、米大手メディアなどが、ベライゾン、AT&T、スプリントといった大手通信事業者などからNSAが大量の通信情報を収集していると一斉に報じた。まさにオバマ大統領と中国の習近平国家主席による首脳会談が行われようというタイミングでの報道であった。

六月七日と八日、米国カリフォルニア州で米中首脳会談が行われた。事前の報道ではサイバーセキュリティが最も重要な会談項目になると伝えられた。しかし、NSAに関する報道が直前に大々的に行われたことで、米国側は意気込みに水を差された格好になった。それでも、オバマ大統領は、通訳だけを伴って習主席と長時間にわたり意見を交わしたとされている。

事前の報道では、中国からのサイバー攻撃について全面的なやりとりが行われる印象が持たれたが、実際には、狭い範囲の議論だけが行われたようである。首脳会談後のトーマス・E・ドニロン国家安全保障問題担当大統領補佐官の説明によれば、「オバマ大統領が習主席に今日話した特定の問題は、サイバーによる経済的な窃盗の問題です。つまり、中国に拠点を置く主体による米国の民間部門・公的部門の知的財産やその他の財産の窃盗です」ということになっている[3]。

これは、「タリン・マニュアル（Tallinn Manual）」に沿った米側の抗議といえるだろう。タリン・マニュアルとは、二〇〇七年のエストニアに対するサイバー攻撃の後、エストニア政府が首都タリンに誘致した北大西洋条約機構（NATO）のサイバー研究施設で作成されたサイバー戦争に関するマニュアルである。そのポイントは、既存の国際法に照らしてサイバー戦争をどう捉えるかであった。

狭義のサイバー攻撃であれば戦時国際法に則って対処すべきであるというのが米国政府・米軍の立場である。そして、サイバースパイ活動については必要悪であるとされており、タリン・マニュアルでも禁止されていない。しかし、タリン・マニュアルで明言されているのは、民間人や民有物をサイバー攻撃の対象にしてはならないという点である。これは物理的な戦争におけるルールをサイバースペースにも適用しようとするタリン・マニュアルの解釈の延長である。

無論、現実の世界においては民間人も民有物も狭義・広義のサイバー攻撃の対象になっているので、必ずしもこのルールが遵守されているとはいえない。まして、NATOの研究機関が発表したタリン・マニュアルの作成に中国は全く関与していない。二〇〇一年に欧州主導で作られたサイバー犯罪条約と同じく、中国はタリン・マニュアルの意義を認めていない。サイバースペースに既存の国際法を適用するのは間違いであり、国連で世界各国が合意する新しい条約を作るべきとするのが中国やロシアの立場である。

しかし、米国がこの首脳会談で対応を求めたのは、中国企業が経済的な利害関心に基づいて米国企業から知的財産を盗もうとしており、それを中国の人民解放軍やインテリジェンス機関が手伝うことは明らかにルール違反ではないかという点である。情報の窃取自体が不公正取引であり、それを政府機関が手伝う、あるいはその成果を政府が吸い上げるという行為は目に余るという不満が米政府側にあった。オバマ大統領は証拠を積み上げ、習主席に何らかの対応を求めた。

米国が経済スパイ活動、産業スパイ活動を行っていないというのは偽善だとの指摘もある。例えば、一九九〇年代の日米自動車交渉では日本政府交渉団を盗聴していたことが知られている。しかし、米国側からすると、そこにも一線が引かれている。米国政府がスパイ活動をしたのは日本政府であり、日本企業ではない。日本企業の技術を米国政府が盗んで、それを米国企業に渡すということはしていない。政府と政府の間でスパイ活動が行われるのは常識だというわけである。

しかしながら、習主席は、中国はそのようなサイバー攻撃には荷担しておらず、むしろ被害者であるという従来の立場を繰り返した。これは、中国政府の非協力的な姿勢を示しているというよりも、実際に中国国内から出ているサイバー攻撃を中国政府ですら止めることができず、安易な約束を避けたと見るべきだろう。というのも、中国国内でもサイバーセキュリティが深刻な問題として全国人民代表大会の代表たちによって採りあげられるなど、中国に対するサイバー攻撃、中国国内同士でのサイバー攻撃も増加しているからである[4]。前述のように、NSAが大量の通信情報を密かに収集しているという報道も、中国側に反論の余地を与えることになった。

2 スノーデン事件

NSAに関する報道の情報源は当初伏せられていたが、米中首脳会談後の六月九日、エドワード・スノーデンが自らの意志で名乗り出た。彼は香港で撮影されたインタビューでその意図を語り、大量の機密情報を米国外へ持ち出したことを明らかにした。

その後の報道では、スノーデンは二〇一二年の暮れから機密暴露の動きを始めていたとされる。スノーデンはまず、英国ガーディアン紙のグレン・グリーンウォルドとローラ・ポイトラス記者に接触した。そして、二〇一三年五月には米国ワシントン・ポスト紙のバートン・ゲルマン記者に接触し、さらにドイツのシュピーゲル誌のインタビューに答えた(同年七月八日にオンラインで記事公開)。スノーデンは勤務先のある米国のハワイを離れ、休暇を取得し、五月二〇日に香港に渡航した。この時に四台のノートパソコンと機密書類を入れたUSBメモリを持っていた。スノーデンは直接の政府職員ではなく、民間企業の職員としてNSAのための仕事をしていた。機密を扱う重要性から、彼の海外渡航は事前の申請が必要であり、通常は監視されるが、スノーデンは予約をせずに空港に向かい、その場で航空券を買って香港に向かったという。

そして、前述のように、米中首脳会談に合わせてガーディアン紙、ワシントン・ポスト紙を皮切りに暴露記事が掲載されることになった[5]。NSAによるサイバー作戦の一つである「プリズム(PRISM)」においては、世界各国に顧客を持つ米国の情報通信サービス企業がNSAに協力している実態が明らかになった。また、グローバルなインターネットの物理的な構造が米国中心になっていることから、米国は海底ケーブルの傍受を行っている。さらには、各国首脳の個人的な通信の傍受も行っていたことなどが、その後の数ヵ月にわたって次々と明らかになった。

スノーデンは当初、香港で身を隠していたが、香港時間の六月二三日、スノーデンは香港を抜け出し、ロシアのモスクワ空港に到着した。しかし、米国時間二二日に米司法当局はスノーデンの逮捕命令を発出し、彼のパスポートを無効にしていた。米国政府からロシア政府に強い圧力がかかったため、スノーデンはロシアに入国できず、いくつかの国々に亡命を求めたが、認められなかった。同じく機密のリークに関連したウィキリークス(Wikileaks)[6]のジュリアン・アサンジらの支援を受けていたが、スノーデンは空港ターミナル内に留め置かれた。

八月一日になり、ロシア移民局が一年間の滞在許可証を発給し、スノーデンはロシアに入国し、二〇一五年二月現在も滞在している。

なぜスノーデンはこのような行為に及んだのか。彼自身の言葉によれば、米国の「憲法修正第四条と修正第五条、世界人権宣言の第一二条、そして無数の法令や条約がそのような大規模で広範な監視システムを禁じている。米国憲法がそうしたプログラムを違法だとしているのに、世界が見ることを許されていない秘密裁判所の裁定が、違法なことを何とか正当化していると私の政府は論じている」とし、そうした行為を暴露することでただすことが目的だったとしている[7]。

スノーデンが、正当なハッカー倫理に則った技術者だったとすれば、こうした説明は一応の筋が通っている。彼らの卓越した技術や技能は常人にとって魔法のごとく理解不能であり、それゆえ中世の魔女狩りのような扱いを受けた「ハッカー」は悪意に満ちたコンピュータ社会の破壊者の代名詞となったが、本来のハッカーとは、技術に精通し、それをさまざまなシステムの改善に生かそうとする人たちのことである。彼らは「情報は自由を求めている(Information wants to be free)」という言いまわしを好む。ここでの「フリー」は、当初「無料」を意味していたが、現在では「自由」とも解釈されるようになっており、あらゆる情報は公になることで民主的なプロセスを促すことになるとハッカーの多くが信じている。

例えば、ソーシャル・ネットワーキング・サービスのひとつ、フェイスブックの創業者マーク・ザッカーバーグもまた、「自分が誰であるかを隠すことなく、どの友だちに対しても一貫性をもって行動すれば、健全な社会づくりに貢献できる。もっとオープンで透明な世界では、人々が社会的規範を尊重し、責任ある行動をするようになる」という考え方に基づいて、フェイスブックでは実名主義を貫いているという[8]。

また、ウィキリークスに公電を漏洩した米軍のブラッドレー・マニング上等兵は「情報は自由でなければならない。情報は社会全体のものだ。オープンになれば……公共の利益になるはずだ……人々に真実を知ってほしい……それが誰であっても……情報がなければ、公衆として情報にもとづいた決断など下せないのだから」と書いたとされている[9]。

スノーデンがこうしたハッカーたちの系譜に連なっているという説明も成り立つだろう。問題は、なぜ彼が国外へ逃げたのかという点である。彼が米国内にとどまり、しかるべき有能な弁護士の協力を得て、政府に対する訴訟を起こせば、多くのメディアや団体から支援を得て、国外で苦境に陥ることもなかったかもしれない。もし彼のいう通り、米国政府の行為が違憲であれば、身の安全を確保されながら、数年の訴訟を戦うことができただろう。事実、一九七一年にベトナム戦争関連の極秘文書、ペンタゴン・ペーパーズをニューヨーク・タイムズ紙にリークしたダニエル・エルスバーグや、二〇〇五年のジョージ・W・ブッシュ政権による令状なしの通信傍受を暴露したAT&T職員のマーク・クラインのように、これまでも似たような事案はいくつか散見される。

スノーデンはこうした疑問に対し、近年の事例を見る限り、一九七〇年代のエルスバーグのような公正な扱いを受けられないと判断したために、国外に出たという[10]。スノーデンがハワイから注意深く見守っていたのは、NSA内部からの告発である。NSAの上級幹部だったトーマス・ドレークらは、違法性の高い通信傍受が行われていることをNSA内部で告発していた。いわゆる「トレイルブレイザー（Trailblazer）」事件である。トレイルブレイザーは「先駆者、草分け」を意味する英語だが、NSAは九・一一後の通信傍受プログラムとして開発していた。それが、違法性が高いと判断したドレークらは組織内の手続きに従って内部告発をしたが、ドレークはFBIの家宅捜索を受け、「一九一七年諜報活動取締法」で告発された。後に訴えは取り下げられたが、ドレークはコンピュータ詐欺および濫用防止法の軽度の違反と市民的不服従を認めさせられた。結局、トレイルブレイザーは中止されるが、後にプリズムその他の同様のプログラムが開発されることになる。九・一一後のブッシュ政権においては、政権の意向に楯突くことは許されなかった。これがスノーデンを海外に向かわせる理由になった。

しかし、ドレークらの受けた仕打ちと、スノーデンの現在の境遇を比べてみたとき、どちらが良かったかは分からない。少なくともスノーデンは状況が改善すれば米国に帰ることを希望している[11]。スノーデンが国外に出たことをプラスに評価するとすれば、世界中の好奇の目を彼とNSAに向けさせることに成功したことだろう。

なぜ香港に向かったのかと聞かれたスノーデンは、「こうしたことをする社会に私は住みたくない。私がすること、いうことがすべて記録される世界に私は住みたくない。私のたった一つの動機は、人びとの名前で行われ、人びとに対して行われていることを、人びとに伝えるということだ」と述べている。スノーデンが他国政府と関係があったのではないかとする疑いは必ずしも払拭されていないが、それを証明する証拠もいまだ公にされていない。ロシアに滞在している点について、スノーデンは、これは自分の選択ではなく、米国政府の選択だとしている。彼はラテンアメリカ行きの航空券を香港で手に入れており、ロシアのモスクワには乗り換えで立ち寄っただけだと主張している。なぜ米国政府はスノーデンをロシアにとどめようとしたのか。この点についてスノーデンは、ロシアにいればスノーデンを黙らせることができると考えたからだろうと推測している[12]。

彼の本当の目的はいまだはっきりしないところがある。最初にスノーデンに接触したグリーンウォルド他のジャーナリストたちは、最初の数日間のスノーデンとの接触でスノーデンが本物であり、彼の意図が本物であると判断し、報道に踏み切っているが、彼らの著書を読む限りでは、スノーデンの身元について十分に調査が行われたとはいいがたい[13]。

なぜスノーデンは大量の機密情報を持ち出すことができたのか。ウィキリークスの事件以降、米国政府機関からの情報漏洩防止のためのソフトウェアがインストールされているはずだったが、スノーデンがいたハワイのＮＳＡの設備では入れ損なっていたとの報道もあり、これがスノーデンを利したとされている[14]。

いずれにせよ、スノーデンの情報暴露は、米国政府、特にＮＳＡの活動の実態を明らかにした。こうした活動はNSAだけに限られるものではなく、英国の政府通信本部（GCHQ）など各国の政府機関が行っていることも徐々に明らかになっている。

NSAの活動はサイバーセキュリティとも密接な関係にある。象徴的には、NSAの長官が米軍内でサイバー攻撃を担うサイバー軍の司令官を兼任している。NSAが知り得た情報を米国がサイバー攻撃に活用することができることになる。無論、二つの組織は別物だが、NSAは国防総省の下にあるインテリジェンス機関であり、サイバー軍と連携することが組織的にも容易であり、そもそも米国政府のサイバー攻撃とサイバー防衛に関連する活動においてNSAが中心的な役割を担っていることは周知の事実である。

なぜこの二つのポストを兼任しているのか聞かれた初代サイバー司令官のアレグザンダーは、すでに問題に取り組んでいるチームがあるのに、わざわざ別のチームを作る必要はないと考えたからだとしている[15]。実務上は二つのポジションの仕事に違いがないということを示唆している。

米国の情報通信サービス企業がNSAに協力するのも、両者の間に従来から密接な関係があったからだとする見方もある。次に、この点について見ておこう。

3 IT企業とNSAの密接な関係

そもそも、なぜIT企業は情報をNSAに渡してしまうのだろうか。政府への協力が露見すれば、利用者から反発を受けることは火を見るより明らかである。利用者のプライバシーの侵害にあたるし、法律で保障された通信の秘密にも抵触する(米国憲法には明示的に書かれていないが、プライバシーや表現の自由を根拠に通信の秘密は守られている)。単純に考えれば良いことはない。

この疑問について、NSAの研究で知られる歴史家のマシュー・エイドは、IT企業とNSAはもちつもたれつの関係にあると指摘した[16]。

NSAは国防総省傘下のインテリジェンス機関である。軍にとって新しい技術の採用は文字通り死活問題になる。米国防総省はそれぞれの時代のハイテク産業と良好な関係を築いてきた。コンピュータの開発はミサイルの弾道計算と密接な関係にあったし、宇宙・航空産業は軍需産業の代表である。半導体産業は国防総省の国防高等研究計画局(Defense Advanced Research Project Agency:DARPA)からの支援によって生まれた。DARPA《ダーパ》は軍事に役立つさまざまな技術の開発に投資した。例えば、半導体はコンピュータの集積回路などいろいろなところで使われているが、ミサイルの弾道計算のために必要とされ、DARPAが業界を支援することで産業として立ち上がった。現在の需要の大きさを考えれば、そのDARPAの支援がなくてもいずれ産業として成り立っただろうが、しかし、その成立をＤＡＲＰＡの支援が早めたといえるだろう。

インターネットもＤＡＲＰＡによる成果の一つとして考えられることが多い。ＤＡＲＰＡ（一時ＡＲＰＡと名称変更していた）が支援してＡＲＰＡＮＥＴ《アーパネット》が作られ、それがインターネットの原型となったというものである。実際にインターネットの開発に携わった技術者たちにいわせれば、ＡＲＰＡＮＥＴよりも、米国の科学研究開発に資金を提供する全米科学財団（National Science Foundation：ＮＳＦ）の支援のほうが重要で、ＡＲＰＡＮＥＴにしても、インターネットにしても、軍人が作ったのではなく、研究者たちが作ったものということになる。

いずれにせよ、当初は多少の関係があった軍とインターネットだが、国防総省がインターネットを研究者向けにし、独自の軍事用ネットＭＩＬＮＥＴを使い始めたことで、両者の関係は一時疎遠になる（ＭＩＬＮＥＴは後に米軍内でＮＩＰＲＮＥＴ《ニッパーネット》［Non-classified Internet Protocol Router Network］とＳＩＰＲＮＥＴ《シッパーネット》［Secret Internet Protocol Router Network］に発展する）。国防総省もＮＳＡも、一般の人たちが今ほどインターネットを使うようになり、国家安全保障上の脅威になるとは考えていなかった。

しかし、一九九〇年前後から、研究者たちの間でインターネットはますます注目されるようになってきた。一九九五年にはマイクロソフトの新しいＯＳ（基本ソフト）、ウインドウズ95が発売され、インターネットの利用者数が急増することになる。

この頃からＮＳＡはインターネットが潜在的な脅威になることを認識し始める。一九九〇年代後半には、当時のクリントン政権がインターネットにおける暗号利用を規制しようとした。強力な暗号ソフトウェアを一般の人たちが使うことで、NSAによる通信傍受能力が削がれることを警戒したのである。

この暗号利用規制をクリントン政権は断念することになるが、今となってみれば、強力な暗号特許を保有していたRSA社がNSAに協力するという密約が結ばれていたことが分かっている[17]。

そして、二〇〇一年の九・一一で、テロリストたちがインターネットを活用していたことから、NSAは一気にインターネットを監視下に置く方向に転じた。ブッシュ政権がそれを承認したことで、NSAによるインターネット監視は拡大していくことになり、スノーデンが問題視する事態になった。

二〇一四年三月、オバマ大統領は二〇一五年度の予算編成の基本方針を示す予算教書を連邦議会に提出した。それによれば、国家インテリジェンス・プログラム全体で四五六億ドル（約四兆五六〇〇億円。一ドル＝一〇〇円で換算。以下同じ）もの金額が積み上げられている。しかし、ここには、海外の不測の事態に対処するための作戦予算は含まれていない。

付属する説明文書には最も重要な能力として五点が挙げられ、そのうちの四番目に「サイバースペース能力」が挙げられている。しかし、四五六億円の内訳は安全保障上の理由から公開されていない。

国防総省全体の予算はさらに一桁大きく、四九五六億ドル（約四九兆五六〇〇億円）となっている。日本の二〇一四年度国家予算の総額が九五兆八八二三億円だから、その大きさが知れるだろう。日本の防衛予算は四兆八八四八億円だから、米国の約一〇分の一である。

米国の国防予算のうち、五一億ドル（約五一〇〇億円）がサイバースペース作戦予算である。その説明の中で注目すべきは、サイバー部隊員たちがミッションを達成するのに必要なツールを開発する研究・技術プロジェクトを支援するとしていることである。そのためなら、ここから民間企業にお金が流れていてもおかしくはない。

NSAの予算は、どれくらいで、どこに含まれているのだろうか。NSAをインテリジェンス機関としてみれば、国家インテリジェンス・プログラムに入っていてもおかしくないが、NSAは国防総省傘下のインテリジェンス機関でもあるので、国防総省の予算に入っていてもおかしくはない。NSAの予算など全貌を明らかにする情報は公式には明らかにされていないが、国防総省を中心にさまざまなところに予算を分散させてあるというのが定説である。

ここでもスノーデンが登場する。スノーデンが漏洩した機密情報の中にNSAの予算に関する情報が含まれていたのである。ワシントン・ポスト紙が公開した、いわゆる「ブラック・バジェット（Black Budget：黒い予算）」である。それはインテリジェンス活動の予算の内訳を示している[18]。

それによると、二〇一三年度のブラック・バジェット全体では五二〇億ドル（約五兆二〇〇〇億円）の予算がある。この数字は、国家インテリジェンス・プログラムの数字とそれほど変わらない。

そのうちNSAの予算は一〇八億ドル（約一兆八〇〇〇億円）に達する。年度は違うものの、国防総省のサイバースペース作戦予算の五一億ドルの倍である。そうすると、NSAの予算は国防総省内の別の予算か、あるいは国家インテリジェンス・プログラムなどの別の予算に組み込まれていることになる。

NSA関連のブラック・バジェットの内訳は以下のようになっている。

- 研究および技術　四億二九一〇万ドル
- ミッション管理、任務　三億八六九〇万ドル
- 施設とロジスティクス　一六億ドル
- エンタープライズ管理　一二億ドル
- エンタープライズITシステム　一六億ドル
- 分析可能化　八億二四五〇万ドル
- 分析　六億五四六〇万ドル
- シグナル・インテリジェンス局　二億六八二〇万ドル
- ミッション処理とエクスプロイテーション　三億四八〇〇万ドル
- 暗号分析とエクスプロイテーション・サービス　一〇億ドル
- 特別ソース・アクセス　四億六三五〇万ドル

●機微技術収集　五億九七三〇万ドル
●中間点無線アクセス　三億八〇七〇万ドル
●コンピュータ・ネットワーク作戦　一〇億ドル

どれも項目名だけでは意味不明であり、実際に何にどのように使われているのか分からない。NSAの中だけでどれくらいが使われ、外部のIT企業にどれだけ流れているのかも分からない。

しかし、二〇一三年六月一九日付けのニューヨーク・タイムズ紙は、フェイスブックのチーフ・セキュリティ・オフィサーだったマックス・ケリーが、NSAに転職するなど、NSAとシリコンバレーのIT企業が密接な関係にあることを報じている[19]。

これを否定する意見もある。三〇年以上、陸軍に勤務し、現在はワシントンDCのヘリテージ財団でサイバーセキュリティを研究しているスティーヴン・ブッチは、半導体産業とDARPAのような関係は、IT企業には当てはまらない。IT企業がNSAにデータを出すのは裁判所の命令があるからに過ぎないという[20]。ワシントン・ポスト紙の報道によれば、ヤフーは米国政府からのデータ要求に抵抗し、訴訟に持ち込もうとしたため、一日に付き二五万ドル(約二五〇〇万円)の罰金を科される可能性を示され、訴訟が何ヵ月、何年にも及べば、罰金が天文学的な数字になり、ヤフーを倒産させる可能性があったため、しぶしぶ従ったという[21]。

ＩＴ企業が積極的にデータを渡していたのか、しぶしぶ渡していたのか、真相は今のところ不明である。ＩＴ企業側に確認しても、喜んで顧客のプライバシーをＮＳＡに渡していたとは決して認めないだろう。スノーデンが暴露するまで、外形的には密接な情報共有が行われていた、というところまでが事実である。

スノーデン事件以後、英国のＧＣＨＱは米国のフェイスブックやグーグルから顧客情報を得るのが難しくなったという報道もある。ＧＣＨＱはデヴィッド・キャメロン首相に、そうしたＩＴ企業が国家安全保障を損ねていると警告したという[22]。報道によればＧＣＨＱは二〇一三年に合計五〇万件の情報請求を調査権限規制法（Regulation of Investigatory Powers Act：ＲＩＰＡ）に基づいて行ったが、フェイスブックは受け取った請求の三分の一、ヤフーは四分の一を拒否したという。ＲＩＰＡは英国政府が安全保障上の理由で通信傍受を行うことを可能にする法律である。さらにヤフーは、英国法の及ばないアイルランドのダブリンに拠点を移したという[23]。

４　インテリジェンス機関によるビッグデータ分析

スノーデンが名乗り出る前、最初に暴露されたのが、ＮＳＡによる通信大手ベライゾンの顧客の通信記録収集であった。

顧客の通信記録といっても、通信内容そのものが全部含まれていたわけではない。一般的に通信メッセージは、ヘッダー(header)とペイロード(payload)に分けられる。ヘッダーとは誰から誰へ、いつ、どんな方法でメッセージが送られたのかを示す。電話なら電話番号、電子メールなら電子メールアドレス(とそれに伴うIPアドレスなど)を含んでいる。それに対して、ペイロード(データの本体)はいわゆるコンテンツであり、電話の会話の内容や電子メールの本文にあたる。

普通に考えれば、ペイロードのほうがプライバシーに関わる機微な情報だろう。しかし、それはターゲットが確定している場合である。容疑者が決まっていれば、その通話内容や電子メールの内容を確認するのは重要な情報収集手段となるだろう。これは令状をとって行えば良い。

ところが、通信大手のベライゾンが米国政府に渡していたのは、そうしたペイロード部分ではなく、ヘッダー情報をまとめた「メタデータ」と呼ばれるデータセットであった。「メタ」とは、「間に」「超えて」「高次の」などの意を表す接頭語である。ここで「メタデータ」というときは、さまざまなヘッダー情報を集積したデータセットになる。

NSAのように大量のデータを収集しており、その中から意味のある情報を抜き出そうとする場合、ペイロードの解析には時間がかかりすぎる。例えば、一分の通話の内容を解析しようとすれば、聞くだけで一分かかり、その内容を理解するのに数倍の時間がかかる。会話が隠語によって行われていれば、その意味を理解することは容易でない。電子メールでも、はっきりと犯罪やテロの内容を示す表現を入れることはないだろう。二〇〇一年の対米同時多発テロの際にNSAが傍受したアルカイダの会話は、「明日試合が始まる」や「明日はゼロデイだ」といったもので、それだけではテロの手がかりにはならなかった。

むしろ、重要になるのは、ヘッダー部分であり、それをまとめたメタデータである。メタデータはデータベースとしてまとめることが可能であり、情報の検索も容易である。意味解釈の必要もない。

例えば、ある電子メールアドレスがテロ容疑者によって使われていることが分かったとしよう。しかし、そのメールの内容にアクセスしても要を得ないかもしれない。そこで、その電子メールアドレスが他のどの電子メールアドレスとやりとりをしているかを、メタデータを使って検索する。そうすると、頻繁にやりとりをしている他の電子メールアドレスや、一回でもやりとりをしたことがある電子メールアドレスの一覧が見えてくる。さらにそれをたどっていくと、既知の容疑者の電子メールアドレスへつながっていくかもしれない。その間の電子メールアドレスを使っている人物も容疑者として浮かんでくる。

さらには、電子メールの送受信記録には、どのIPアドレスからいつ送られたのかもひも付けされている。それをインターネット・サービス事業者（Internet Service Provider：ISP）のログと呼ばれる通信記録と照合すれば、その人物がいつどこにいたのかも分かってくる。さらには、固定電話や携帯電話の通話記録、銀行のキャッシュカードの利用記録、クレジットカードの利用記録などと突き合わせていけば、足取りをつかむことは容易になる。その人の行動パターンも見えてくるだろう。

実際、こうした通信記録の解析は、アルカイダなどのテロ容疑者の追跡に活用されてきた。アルカイダの幹部の多くはこうしたメタデータの活用によって追い詰められ、それを察知したウサーマ・ビンラディンはある時点から電子的な通信手段の利用を完全にやめてしまった。しかし、彼のメッセンジャーとなっていた人物の携帯電話が特定されたことで、ビンラディンの居場所は特定されるに至った。

ベライゾンの顧客の通信記録は、巨大なデータセットである。ペイロード部分がないといっても、数百万、数千万規模の顧客がいる。これはまさに「ビッグデータ」である。ビッグデータは近年のIT業界のバズワード(buzzword)、つまり、業界人が好んで用いる言葉の一つだが、単なるバズワードとして切り捨てて良いものでもない。

外交専門誌の『フォーリン・アフェアーズ』の二〇一三年五月・六月号に「ビッグデータの台頭：それがいかに世界についてわれわれが考える方法を変えているか」と題するケネス・クキエルとヴィクター・メイヤー＝ショーンバーガーの論説が掲載された[24]。

彼らは、「単に、何かが起こりそうだということを知ることは、なぜそれが起こるかを知ることよりもずっと大事だ」と指摘している。これまでの学問的なパラダイムでは、何かが起こる原因を突き止めることに力が注がれてきた。ところが、例えば、子供に致命的な感染症が一気に流行する恐れがあるとき、そのウイルスを特定し、そのメカニズムを確定するよりも、どういった条件で感染・発症するか、逆にどういった環境ではそうならないかを知る方が、初動対応としては重要になる。

そうした現象を把握する際にビッグデータは重要になる。彼らはデータ分析のパラダイムが、①サンプルデータから全量データへ、②分析用に整形されたデータから、乱雑だが現実のデータへ、③因果関係から相関関係へ、という分析パラダイムの変化が起きていると指摘している。

安全保障分野においてもビッグデータのインパクトは小さくない。そもそも、グーグルの登場は、さまざまな安全保障関連のデータをインターネットにもたらすことになった。例えば、グーグルが提供する地図および航空・衛星写真サービスであるグーグル・アースやグーグル・マップは、かつては入手困難だった諸外国の地図や航空・衛星写真を無料で提供している。それもデジタル・データのため加工や複製が容易になっている。

ホワイトハウスによれば、世界中で作成された膨大な雑多なデータの中から重要な情報を見つけ出すために国防総省は二億五〇〇〇万ドル(約二五〇億円)を投じるが、その一部はＮＳＡによる外国の秘密情報の解読に当てられるという。二〇一二年三月に米国政府はビッグデータに関する全省庁規模の取り組みを開始し、その下で民間企業とＮＳＡが協力するプログラムを実施している。

ビッグデータ時代の到来は、敵対勢力にとっては、自分たちのデータを秘密裏に送受信できる環境の到来を意味する。多くの人が生み出す膨大なデータの中に自分たちの秘密のメッセージを紛れ込ませることができるようになるからだ。通信傍受や暗号解読を担うNSAにとっては、ビッグデータの中から重要なデータを選り分け、それが暗号化されていれば、適切な時間内にそれを解読しなくてはならない。

二〇一二年四月、米国政府は「ビッグデータ・イニシアチブ」を開始した。このイニシアチブは、

①巨大な量のデータを収集、貯蔵、保存、管理、分析、共有するために必要な最先端の中核技術を前進させる
②科学技術における発見のペースを加速させ、国家安全保障を強化し、教育を変革するためにこうした技術を利用する
③ビッグデータ技術を開発・利用するために必要な労働力を拡大する

ことがねらいとされた。予算は二億ドル（約二〇〇億円）に達するという。

なぜ、NSAのようなインテリジェンス機関がビッグデータの分析能力を必要とするようになったのか。ローレン・トンプソンは、現代の情報技術が敵国や過激派などの力も増幅させ、自らのアイデンティティや通信を秘匿しながら米国の力の源にアクセスできるようになったからだという[25]。

そしてそのためにNSAはユタ州に二〇億ドル（約二〇〇〇億円）かけてデータセンターを作ることに

なった。

NSAについての先駆的な研究で知られるジェームズ・バンフォードによれば、このデータセンターの目的は、国際ネットワーク、外国のネットワーク、米国内のネットワークの地下ケーブル、海底ケーブルからかき集めたり、人工衛星からかき集めたりした世界中の通信の巨大な塊を傍受、解読、分析、貯蔵することである[26]。

こうしたNSAの取り組みは、グーグルとも共通している。グーグルの理念は世界中のデータを整理し、検索可能にすることで、人々の情報処理能力を飛躍的に高めることにある。グーグルは金銭的利益を追求しながら一般の人々のために行っているが、NSAは国家安全保障のために金銭を惜しまず行っている。つまり、サイバーセキュリティ対策は、デジタル情報に精通したインテリジェンス機関を必要とするということである。

5 スノーデンの勝利宣言

オバマ大統領の二〇一四年の一般教書演説は、サイバーセキュリティの関係者にとってみれば、期待外れだったかもしれない。前年の強い調子から後退したように見える。しかし、その間の一年を振り返ってみれば、サイバーセキュリティをめぐる状況は激しく揺れ動いていたといって間違いない。

メディアではスノーデンの動向と彼の暴露した情報に基づくニュースが連日採りあげられ、米国をはじめとするインテリジェンス機関の活動を難しくしている。

オバマ大統領は、二〇一四年一月一七日、一般教書演説に先立ってNSAを中心とする米国政府機関による情報収集活動の見直し案を発表し、大量のメタデータの保管に替わる新たな体制を構築することや、安全保障上やむをえない目的がない限り、同盟国や友好国の首脳の通信は傍受しないことなどを検討するとした[27]。一方のスノーデンは、それに先立つ一二月末に「任務は終了した。私は勝利した」とインタビューで宣言した。議論を提起し、米国政府に見直しをさせることができたというわけである[28]。

そして二〇一五年一月二〇日、オバマ大統領の一般教書演説はふたたびサイバーセキュリティを強い調子で採りあげた。前年末にソニー・ピクチャーズ・エンターテインメント（SPE）に対して行われた、北朝鮮からとされるサイバー攻撃が大きく影響していたことは疑い得ない。その翌二月には、大統領はカリフォルニアを訪問し、シリコンバレーの有力企業の幹部たちと会議を開き、いっそうの対応を求めた。

国民や顧客のプライバシーの保護は政府や企業にとって重要な利益である。しかし、他方で、サイバー攻撃に対処するためには何らかの形でネットワークのモニタリングが不可欠になる。NSAのような形で大規模かつ国境を越えて行うことが望ましいことかどうかは議論の余地があるが、何らかの措置は必須だろう。必ずしも国家機関が行う必要はなく、企業その他の組織レベルや個人でも、自らの通信をモニタリングすることが検討されて良い。バランスをとるというのは簡単だが、安全保障とプライバシーの問題はサイバーセキュリティの中核的な課題であり、解決は困難である。オバマ政権はスノーデンの暴露によって、一時的かもしれないが、議論を主導する力を弱めたといえるだろう。

第3章　米国のインテリジェンス機関とサイバーセキュリティ

1　ウォーターゲート事件とFISA

前章で見たように、エドワード・スノーデンの、オバマ政権による大規模な情報収集の告発は大きな波紋を呼んだが、それを見る米国民の眼は冷静だった。二〇一三年六月一一日付けの日本経済新聞夕刊によれば、米国民の五六％はNSAによる電話通話記録収集を容認している。それはなぜか。

実は、この問題は米国民に「またか」と思わせた側面がある。日本がポツダム宣言を受諾した一九四五年八月一五日、米国のハリー・トルーマン大統領は、検閲局長に検閲局（Office OF Censorship）の業務終了宣言を出すように指示した。この指示は九月二八日付けの大統領令九六三一によって正式なものとなった。この大統領令によってＮＳＡの前身となる信号安全保障局（Signal Security Agency：ＳＳＡ）は、戦争中のように自由に通信を読むことができなくなった。戦争中のローズヴェルト政権は通信傍受と検閲を実行していた。その断絶を案じたＳＳＡ長官は、全ての重要電報を入手するために、当時の米国の主要電信会社である国際電話電信会社（International Telephone & Telegraph：ＩＴＴ）、ウェスタン・ユニオン社、ＲＣＡ社の首脳に掛け合った。三社は政府に通信を渡すことの合法性を懸念し、拒否しようとしたが、ＳＳＡに説得され、「プロジェクト・シャムロック（Project SHAMROCK）」に参加させられることになった。三社は通信のコピーをＳＳＡに渡し始めたが、この活動は極秘とされ、令状も監査も必要とされなかった。一九四五年にＳＳＡは陸軍安全保障局（Army Security Agency：ＡＳＡ）に改組され、一九五二年にはＮＳＡとなるが、その後もプロジェクト・シャムロックは継続された。スノーデンが明らかにしたプリズムの、約七〇年前から同様のことが行われていたことになる。

さらに、ニクソン政権の頃になると、姉妹プロジェクトとして「プロジェクト・ミナレット（Project MINARET）」が行われた。これは、ベトナム反戦運動に加わるなどした米国市民のウォッチ・リストを作り、彼らの通信を傍受するためのものである。公民権運動のリーダーであるマーチン・ルーサー・キング牧師やボクサーのモハメド・アリ、女優のジェーン・フォンダなどの有名人も対象にされた他、新聞記者などもリストに入れられた。

これらの活動は一九七〇年代のニクソン政権のウォーターゲート事件の過程で徐々に明るみに出る。

ウォーターゲート事件で問題になったのは、国外でインテリジェンス活動を行っていると思われていたCIA（そしてNSAが）が、国家安全保障目的ではなく、政治目的のインテリジェンス活動を行っており、対象が米国市民だったという点であった。事件によってプロジェクト・シャムロックが追求されることを恐れたNSA長官は、それを終結させることにした。

ウォーターゲート事件を機に、議会上院はフランク・チャーチ議員を中心にチャーチ委員会を設置し、その提案に基づいて一九七八年に外国情報監視法（FISA）が成立した。FISAは外国情報監視裁判所（Foreign Intelligence Surveillance Court：FISC）という特別の裁判所から令状をとって必要なインテリジェンス収集を行うことになっている。

それ以後、FISAはCIAやNSA、FBIなどのインテリジェンス機関が米国内でインテリジェンス活動を行う際の歯止めになっていると考えられてきた。

ところが二〇〇一年の米同時多発テロ（九・一一）を機に状況が一変する。FBIは、九・一一の午後から「カーニボー（「肉食動物」の意）」と呼ばれるインターネット監視システム（現在は別ソフトに更改）を搭載した改造ウインドウズ・パソコンをインターネット・サービス事業者（ISP）に持ち込み、大規模な通信傍受を始めた。本来なら、個別に令状が必要になるが、ブッシュ大統領は、FISCからの令状なしで国際電話や電子メールの傍受を行うことをNSAに許可した。

ブッシュ政権の命令によって各通信事業者は無条件に対応することを求められ、大規模な傍受に巻き込まれた。

かつて「エシュロン」と呼ばれる大規模な通信傍受プログラムが米、英、加、豪、ニュージーランドの協力で行われていると騒がれたことがあるが、エシュロンによる傍受の対象は無線通信、アナログ通信が中心であり、巨大なデータアンテナによる収集が主であった。国際通信が人工衛星による無線通信で行われている時代にはそれで良かった。ところが、現代の国際通信はデジタル化され、光ファイバーの束である海底ケーブルを通る。そこでの通信傍受はきわめて難しく、通信事業者の協力が不可欠であることはすでに何度か触れたとおりである。

そこで、クリントン政権時に「法執行のための通信支援法（Communications Assistance for Law Enforcement Act：CALEA）」が成立し、米国の通信事業者は政府からの要請に基づいて通信傍受で政府に協力する用意をしておかなくてはいけなくなっていた。

九・一一以後の大規模な令状なし傍受は、二〇〇五年一二月にニューヨーク・タイムズ紙がスクープしたことで公に知られるようになった。米国の有力通信事業者であり、政府に協力していたAT＆Tは集団訴訟にさらされ、NSAも訴えられることになった。

ところが、そうした訴訟が結審する前の二〇〇八年六月、ブッシュ政権はFISA改正法案を議会で成立させ、令状なし傍受を期限付きで合法化するとともに、協力した通信事業者に遡及免責を与え、それまでの訴訟を無効にしてしまった。

その春は大統領選挙の真っ最中であり、民主党候補指名を争っていたバラク・オバマとヒラリー・クリントンは両方とも改正反対を表明した。ところが、オバマは途中で態度を変え、ブッシュ政権の改正法案を支持するようになる。そして、大統領に当選すると、ブッシュ政権の方針を継承し、むしろ拡大させせた。それが、プリズムという、さらに拡大された情報収集につながったと見るべきだろう。

スノーデン自身は、もちろんこうした経緯を知っていただろうが、彼が垣間見た通信傍受と情報収集の実態は、彼にとっては行き過ぎに見えたのかもしれない。

問題発覚後、NSAは、こうした情報収集プログラムがテロの防止に効果を上げていると主張したが、具体例は明らかにしていない。オバマ大統領は第三者委員会で行き過ぎがあったかどうかを検証するとインタビューで述べた。

このFISAは、実質的に「ざる」法になっている。米国連邦政府が出した報告書によれば、二〇一二年に連邦政府が出した申請は一八五六件に上る。そのうち、電子的なインテリジェンス収集は一七八九件である。その他は物理的な情報収集である。一八五六件の内、一件は政府が取り下げたが、その他の申請はすべて承認されている。FISCが行政府側の申請を精査し、行き過ぎだとして不承認にしたものはないことになる。

通信傍受は一般的なテロ対策やサイバー攻撃対策において不可欠なツールとなっている。この点はもはや否定できない。その拡大がどこまで許容されるかが、プライバシーとのバランスの中で重要になる。安全保障を目的に際限なく人々のプライバシーがないがしろにされる状況は看過しがたい。

そうなると、誰かが事態に歯止めをかけなければならない。ブッシュ政権は令状なしの傍受を事前に議会の指導者たちに説明していた。今回もオバマ政権は大規模な情報収集を議会の指導者たちに説明していたという。議会は政権の措置を是認していたことになる。議員たちからすれば、非常に技術的な説明をされ、かつその内容を口外してはならないとされたため、外部の専門家に解説を頼むこともできず、政権側の説明を鵜呑みにするしかなかったようである。

ブッシュ政権の際には、司法は政権側に不利な判断をしようとしていたが、議会の改正法案によってそれは阻止された。今回もいずれ訴訟に持ち込まれることになるだろう。グーグルやフェイスブック、マイクロソフトといった、人々が日常的に使うネット・サービスから情報が大量に持ち出されていたとなれば、反感を持つ人は多いだろう。政権側は措置を是認する法的な根拠を固めているはずだが、それが司法の場でどう裁かれるのか注目すべきポイントと言える。しかし、司法における解決には時間がかかるのが常である。かたやテロやサイバー攻撃は今そこにある危機である。

2　米国へのサイバー攻撃

現実にインパクトのあるサイバー攻撃が行われるようになったのは近年のことだが、サイバー攻撃の可能性自体は一九八〇年代から指摘されていた。一九八三年に作られた映画『ウォー・ゲーム』ではコンピュータ制御の戦争のリスクが提起された。当時はロナルド・レーガン政権の時代であり、一九八三年に発表された「スター・ウォーズ計画(戦略防衛構想)」は、夢物語として受け止められた。しかし、現在ではミサイル防衛構想は現実に展開されるに至っている。『ウォー・ゲーム』のようにコンピュータが暴走し、核戦争の危機が訪れるというシナリオは必ずしも現実的ではないが、コンピュータへの依存がいっそう高まっている現在、コンピュータを敵の操作からいかに守るかは重要な防衛課題になっている。

ビル・クリントン政権でCIA長官だったジョン・ドイチは、一九九六年六月二六日の議会公聴会における証言で、「電子的パール・ハーバー(Electronic Pearl Harbor)」の可能性を警告した。つまり、電子技術を使って、一九四一年の日本による真珠湾(パール・ハーバー)攻撃のような奇襲攻撃が行われるのではないかとの懸念である。

国際的なサイバー攻撃の例としては、一九九八年二月に大量破壊兵器をめぐって米国とイラクの緊張が高まった際に米軍のコンピュータが攻撃された「ソーラー・サンライズ」事件、一九九八年三月に国防総省、航空宇宙局、エネルギー省のコンピュータへの不正侵入とデータのダウンロードが行われた「ムーンライト・メイズ」事件、二〇〇三年に中国からと思われる侵入者がロッキード・マーチン社、サンディア国立研究所、NASAなどを攻撃した「タイタン・レイン」事件がある。さらに、二〇〇八年には、利用者のコンピュータ入力を記録する不正ソフトウェアが仕込まれた電子メールが防衛産業関係者などに送られた「ポイズン・アイビー」事件、前述のUSBメモリを使った「バックショット・ヤンキー作戦」が起きるなど、数多くの事例がある。

こうした事案に対処するため、第一期ブッシュ政権時代の二〇〇三年二月に、「サイバースペースの安全を保障するための国家戦略（National Strategy to Secure Cyberspace）」が出された[1]。この戦略では、サイバースペースは重要インフラストラクチャの神経系であり、国家のコントロール・システムであるとし、国家の安全と経済にとって不可欠である、とされた。インテリジェンス・コミュニティの分析として、「米国のネットワークは、それらが持つデータとパワー故に悪意のあるアクターによってますます標的にされるようになっている」との指摘もある[2]。さらに、「脆弱性評価はサイバースペースの安全保障のためのインテリジェンス・サイクルの統合的な一部分である」として[3]、「インテリジェンス・コミュニティ、国防総省、法執行機関は、素早く効果的な対応を可能にするために、脅威となる攻撃や行動を行っているのが誰なのかすぐに分かる能力の改善をしなくてはならない」と提言した[4]。

サイバーセキュリティは、ブッシュ政権末期の二〇〇八年頃から米国政府の安全保障政策においてトップ・プライオリティの一つになった。二〇〇八年度の米国の国防予算の目玉の一つは、「包括的全米サイバーセキュリティ・イニシアチブ（Comprehensive National Cybersecurity Initiative：CNCI）」であった。

二〇〇九年一月のオバマ政権成立後、特に日本にとって大きなインパクトを与えたのが、二〇〇九年七月の米韓に対する大規模サイバー攻撃である。二〇〇九年七月四日、米国の独立記念日に何者かが米国の政府機関のサイトや商業サイトへのDDoS攻撃を始めた。ホワイトハウスや国務省、財務省、国防総省、ヤフー、アマゾンなど少なくとも二〇以上のサイトが狙われた。続いて七日から九日にかけて、韓国でも大規模なサイバー攻撃が行われ、国防省や国会、国家情報院、オークションサイト、銀行など二八機関が被害を受けた。ウイルスに乗っ取られたコンピュータは韓国を中心に一九カ国に及び、数日にわたって波状的に行われる大規模な攻撃だった。その後の解析で、米韓両国の攻撃には同じプログラムが使われていることが分かり、攻撃は北朝鮮によるものとの疑いが強い。

サイバー攻撃が「使いやすい第一撃」として使われる可能性は否定できない。サイバー攻撃の匿名性が高いことから、仮に政府が関与していたとしても、かかわりを否定しやすい。サイバー攻撃で防空システムや重要インフラストラクチャに被害を与えられれば、その後の通常兵器による攻撃は格段にやりやすくなるだろう。二〇〇九年の米韓へのサイバー攻撃が行われているさなか、韓国に対する北朝鮮による軍事侵攻が行われていれば、被害は甚大なものとなった可能性がある。

オバマ大統領が二〇〇八年の大統領選挙で情報通信技術を駆使したことは広く知られている。第一期オバマ政権は成立直後からサイバーセキュリティに積極的に取り組んだ。

オバマ候補が大統領に当選し、翌年の就任を控えた二〇〇八年一二月、戦略国際問題研究所（Center for Strategic and Internaitonal Studies：CSIS）が、次期大統領のためのサイバーセキュリティ政策について提言する報告書を発表した[5]。この報告書はオバマ政権誕生を控えた時期に発表されたことから、新政権に向けて発表された数々の政策提案の一つであるとしても、ワシントンの戦略系シンクタンク大手であるCSISがサイバーセキュリティ政策を取り上げたことは注目を集めた。提言のとりまとめの中心になったジェームズ・A・ルイスは、クリントン政権で暗号ソフトウェアの輸出規制に関わるなど、情報通信技術の国際政治研究において知られており、サイバーセキュリティの第一人者となっている。
政権成立から四カ月後の二〇〇九年五月末、オバマ政権は「サイバースペース政策レビュー（通称「六〇日レビュー」）」と題する報告書を発表した[6]。この報告書は、ホワイトハウスの臨時サイバーセキュリティ補佐官で、元インテリジェンス機関職員のメリッサ・ハサウェイが取りまとめたもので、彼女のチームは数多くの専門家からヒアリングを行い、一〇〇本以上の論文を精査したという。その報告書の中で次のような認識が示されている。

サイバーセキュリティのリスクは、二一世紀の最も深刻な経済的・安全保障的挑戦を示している。デジタル・インフラストラクチャのアーキテクチャは、安全保障よりも、相互運用性と効率性を考えて運用されてきた。その結果として、多くの国家・非国家アクターが情報を危険にさらし、盗み、変換し、破壊し、そして米国のシステムに重大な破壊を引き起こすことができるようになっている[7]。

これに合わせて五月二九日、オバマ大統領はサイバーセキュリティを担当する最高責任者にあたる調整官ポストの新設を発表した。しかし、同ポストの任命は遅れ、指名が行われたのは年末になってからである。結局、「サイバーセキュリティ調整官（cybersecurity coordinator）」には、ブッシュ政権でも同様のポジションにあったハワード・シュミットが就いた。そのシュミットも二〇一二年五月末で辞任し、後任には行政管理予算局（OMB）の経歴が長いマイケル・ダニエルが着任した。ダニエルは必ずしもITに強い専門家ではないという評判だったが、前述のように二〇一三年はじめのオバマ大統領の一般教書演説でサイバーセキュリティを強く打ち出すことに成功した。同時に大統領が署名した大統領令もまた彼の功績といって良いだろう。

サイバーセキュリティが政府の政策の中で重要性を増してくるにつれ、政府内のさまざまな省庁・部局が所管権限を主張するようになった。その結果、ホワイトハウス、国防総省、国土安全保障省（DHS）、司法省、連邦通信委員会（FCC）、商務省、NSA、CIA、全米科学財団（NSF）、FBIなどが政策決定に関わるようになっている。

国防総省では二〇〇九年六月二四日、ロバート・ゲイツ国防長官がサイバー・テロ攻撃に対処するサイバー軍を設置する命令書に署名した。司令部はメリーランド州のフォート・ミード基地に置かれた。フォートは要塞のことで、ミードは、南北戦争時代の陸軍少将ジョージ・G・ミードの名前からとっている。フォート・ミードには通信傍受や暗号解読などを行うインテリジェンス機関のNSAの本部があり、NSAのトップシークレットを大量に暴露したエドワード・スノーデンの実家もこの近くにある。「はじめに」でも触れたとおり、NSA長官のキース・アレグザンダーがサイバー軍の司令官を兼務することになった。

こうした流れの中で、オバマ政権がサイバースペースにおける問題を直視したものとして認められているのが、二〇一〇年二月発表の四年毎の国防計画見直し（QDR）である[8]。これは四年ごとに出されるものなので、前回の見直しはまだブッシュ政権下であった。そのためオバマ政権になって力点がどう変わるか、発表前から注目を集めていた。発表された報告書の序文でゲイツ国防長官は、これが戦時のQDRであることを強調するとともに、新しい分野に焦点と投資が与えられると述べた。新しい分野とは、具体的には空海戦闘（エア・シー・バトル）の概念、長距離爆撃、宇宙とサイバースペースである[9]。

二〇一一年五月、ホワイトハウスは「国際サイバースペース戦略（International Cyberspace Strategy）」を発表した。さらに同年七月には、国防総省が「サイバースペースでの作戦戦略（Strategy for Operating in

Cyberspace)」と題する文書を公表した。そこでも、サイバー攻撃における攻撃元の特定と報復の困難が指摘され、したがって国防総省は防御を固め、かつ攻撃側の意欲を削ぐアプローチをとる必要があるとされた。国防総省は、一一月にも「サイバースペース政策報告（Cyberspace Policy Report）」を出すなど、矢継ぎ早に検討を進めた。

二〇一二年六月には、ニューヨーク・タイムズ紙が、イランの核施設に対するサイバー攻撃であるスタックスネット（第五章で詳述する）は米国とイスラエルによる共同作戦であるとし、米国政府内のコードネームは「オリンピック・ゲームズ作戦」だと報道した[10]。この作戦について米国政府もイスラエル政府も公式には認めていないが、記事を書いたデイビッド・E・サンガー記者は米国政府内から複数のリークがあったとしている。

米国政府からすれば、自らサイバー攻撃を行ってしまえば、米国に対するサイバー攻撃を正当化してしまうことになるため、オリンピック・ゲームズ作戦が公になることを恐れていたが、現実にはサイバー攻撃が各国間で行われていることから隠匿する必要性が薄れ、むしろオバマ政権の成果の一つとしてリークしたという見方も成り立つだろう。

オリンピック・ゲームズ作戦は、もともとはブッシュ政権の時代から検討されており、ブッシュ大統領が離任する際、オバマ新大統領に継続を求めたとされている。したがって、いつの時点でウイルスがイランに送り込まれたのかははっきりしない。しかし、実際にそうした作戦が行われ、その威力と成果を認知したからこそ、オバマ政権は発足直後からサイバーセキュリティ対策を積極的に進めたと推定できる。

3 議会の対応の遅れ

サイバー攻撃の脅威を指摘する米軍と行政府側からの声を受けて、米国連邦議会では数多くの法案が提出されることになった。第一一二議会(二〇一一～一二年)を見ると、少なくとも七六本のサイバーセキュリティ関連法案・決議案が提出された。

しかし、そのうち成立したのは、予算関連の法案三本(H.R.1540、H.R.2055、H.R.4310)、予算関連の決議案一本(H.J.RES.117)、イスラエルとの協力に関する法案一本(S.2165)のみであり、サイバーセキュリティ政策を前進させるための法案はまったく成立しなかった[11]。イスラエルとの防衛協力をうたった法案(S.2165:United States-Israel Enhanced Security Cooperation Act of 2012)には、成立後一八〇日以内に議会にサイバーセキュリティに関する協力がある場合には報告せよと一言入っているだけである。スタックスネットが米国とイスラエルの共同作戦だったとする報道を考えれば興味深いが、サイバーセキュリティ政策全体へのインパクトは弱い。

サイバーセキュリティに関連して特に注目された法案はいずれも成立しなかった。上院のリーバーマン法案（S.2105：Cybersecurity Act of 2012）、同じく上院のファインスタイン法案（S.2102：Cybersecurity Information Sharing Act of 2012）、下院のマイク・ロジャース議員（NSA長官兼サイバー軍司令官のマイク・ロジャースとは別人）提出によるCISPA（H.R.3523：Cyber Intelligence Sharing and Protection Act）などである。

これらの法案にはいくつかのポイントがあったが、そのうち、情報共有に関する条項は合意されなかったといわれている。しかし、金融、運輸、通信、水道、電力、ガスなどの重要インフラストラクチャ保護で合意できた。しかし、金融、運輸、通信、水道、電力、ガスなどの重要インフラストラクチャの規制に乗り出すことになっていたが、共和党議員たちは民間事業への政府の関与に強く反対し、折り合いが付かなかった。そこで、重要インフラストラクチャの事業者たちが自発的な基準を設定すべきかどうかが焦点となっていた。

議会が有効な法案を成立させることができない中、議会はオバマ大統領に対し、どのような法案の成立を求めているか意見を求め、オバマ大統領がそれに応じて見解を公表したこともあった。しかし、それでも法案が成立しなかったことを受け、二〇一二年秋頃からオバマ大統領に大統領令（executive order）の発出を求める声が出てきた。リーバーマン法案の起案者であるジョセフ・リーバーマン上院議員も、法案が成立しない以上、大統領が大統領令で補完せざるを得ないという見解をとっている[12]。

ところが、リーバーマン上院議員が共和党寄りの独立議員であるのに対し、共和党の議員たちは、オバマ大統領による大統領令の発出に反対した[13]。ホワイトハウスの一方的な行動は、議員たちの溝を深めるばかりだというのである。

しかし、二〇一二年末までに決着が付かなかったため、オバマ大統領は、二〇一三年二月一二日、一般教書演説の直前に大統領令に署名し[14]、一般教書演説の中でもサイバーセキュリティに触れ、この問題が重要であることをアピールした。大統領令は恒久的な解決策ではなく、議会が法案を成立させるべきであるとオバマ大統領は議員たちに求めた[15]。

この数日後の二月一八日、ニューヨーク・タイムズ紙は、同紙をはじめとする米国メディアへのサイバー攻撃が行われていたことと関連し、前述のように、中国の人民解放軍による執拗なAPTが行われていたとする民間セキュリティ会社マンディアントの報告書について報じた[16]。この報告書の内容について米国政府のインテリジェンス機関も同意していると同紙は報じている。

4 インテリジェンス機関とサイバーセキュリティ

米国の三大インテリジェンス機関はワシントンDCエリアの二州(メリーランド州とヴァージニア州)と一特別市(ワシントンDC)に散らばっている。

ホワイトハウスにもっとも近いのがワシントンDC市内のFBIである(ただし、二〇一五年二月現在、

FBIはワシントンDC外への移転を計画中である）。FBIは州をまたがる犯罪（州内は州警察の管轄）、外国勢力による犯罪などを管轄している。ワシントンDCの西方ヴァージニア州のラングレーにあるのがCIAである。CIAは、米国外のインテリジェンス活動に従事している。ワシントンDCの北東メリーランド州フォート・ミードにあるのがNSAである。

NSAは一九五二年の設立当初、存在すら秘密にされていた。フォート・ミードに作られている建物が何なのかも公表されず、建設予算も各省庁の予算のなかに分散して紛れ込ませるという周到ぶりだった。NSAは他国の暗号解読・通信傍受とともに、米国の通信が他国に聞かれないようにするための各種活動を行っている[17]。ただし、数年後にはすでに書籍の中で論じられており、知る人ぞ知るという存在であった[18]。NSAの名が報道されたおそらく最初の例は、一九五四年にNSA職員だったジョセフ・S・ピーターセンが機密書類を自宅に持ち帰り、オランダに渡した疑いなどで訴追された件だとされている[19]。一九六〇年には、神奈川県の上瀬谷通信施設に勤務していたNSA職員のバーノン・F・ミッチェルとウィリアム・H・マーチンがソ連に亡命し、モスクワで記者会見するという大スキャンダルも起きた[20]。

米国のインテリジェンス・コミュニティはこの三つだけではない。一九四七年に作られ、その後改訂され続けてきている国家安全保障法によって定められている複数の機関の集まりのことを「インテリジェンス・コミュニティ」と総称しており、以下の一六機関が含まれる[21]。

●中央情報局（Central Intelligence Agency：ＣＩＡ）
●国防総省国防情報局（Defense Intelligence Agency：ＤＩＡ）
●国家安全保障局（National Security Agency：ＮＳＡ）
●国家偵察局（National Reconnaissance Office：ＮＲＯ）
●国家地球空間情報局（National Geospatial-Intelligence Agency：ＮＧＡ）
●国務省情報調査局（Bureau of Intelligence and Research：ＩＮＲ）
●連邦捜査局（Federal Bureau of Investigation：ＦＢＩ）
●空軍情報部（US Air Force Intelligence）
●陸軍情報部（US Army Intelligence）
●海軍情報部（US Navy Intelligence）
●海兵隊情報部（US Marine Corps Intelligence）
●国土安全保障省（Department of Homeland Security：ＤＨＳ）
●沿岸警備隊情報部（US Coast Guard Intelligence）
●エネルギー省情報部（Department of Energy: Office of Intelligence）
●財務省情報分析部（Department of the Treasury: Office of Intelligence and Analysis）

●麻薬取締局国家安全保障情報部（Drug Enforcement Administration: Office of National Security Intelligence）

第一章で触れたように、長らくインテリジェンス・コミュニティ全体を管轄するのはＣＩＡ長官であり、コミュニティのトップとしての役割はＤＣＩ（中央情報長官）と呼ばれた。しかし、このＤＣＩは九・一一においては機能しなかった。二〇〇四年七月に発表された「九・一一独立調査委員会報告書[22]」では、インテリジェンス・コミュニティ全体を掌握する閣僚級ポストの新設が提言され、ブッシュ大統領もこれを受け入れ、国家情報長官（ＤＮＩ）というポストが新設された。ＤＮＩのポスト設立によってＤＣＩは廃止され、ＣＩＡ長官は一つのインテリジェンス機関のトップに過ぎなくなった。ＤＮＩはインテリジェンス機関のトップを兼務することはなく、インテリジェンス・コミュニティ全体を統括するポストになった。そして、ＤＮＩを補佐するスタッフも大勢集まることになった。

米国の法律の中ではインテリジェンスはどのように定義されているのだろうか。合衆国法典（U.S. Code）の第五〇編「戦争と国防（War and National Defense）」の第一五章「国家安全保障（National Security）」の四〇一節ａにおいてインテリジェンスとインテリジェンス・コミュニティが定義されている[23]。

まず、「インテリジェンス」とは「外国インテリジェンス（foreign intelligence）」と「カウンターインテリジェンス（counter intelligence）」を含んでいる。「外国インテリジェンス」とは、「外国政府またはその下部組織、外国組織、外国人、国際テロリスト活動の能力、意図、活動に関連する情報」である[24]。また、「カウンターインテリジェンス」とは、「外国政府あるいはその下部組織、外国組織、外国人、あるいは国際的なテロリスト活動による、あるいはそのために行われるような、スパイ活動その他のインテリジェンス活動、破壊活動、あるいは暗殺から、身を守るために集められる情報ないし行われる活動」とされている[25]。

こうした行政府の活動の監視を行うために立法府にも対応する組織がある。つまり、議会上院のインテリジェンス特別委員会(Select Committee on Intelligence of the Senate)と、下院インテリジェンス常設特別委員会(Permanent Select Committee on Intelligence of the House of Representatives)である。

オバマ政権が成立してから四ヵ月後の二〇〇九年五月にロバート・ゲイツ国防長官がサイバー軍創設を指示したとき、世界はいよいよサイバー戦争の時代が来ると考えた。

ブッシュ政権の最後とオバマ政権の最初に国防長官を務めたゲイツの回顧録によれば、独立したサイバー軍設置の考えを二〇〇八年に最初に示したのは、ジョージ・W・ブッシュ政権の国家情報長官(DNI)だったマイク・マッコーネルである[26]。

オバマ政権でも引き続き国防長官を託されたゲイツは、マッコーネルのアイデアを取り上げた。最も優秀な指揮官の一人と認めるキース・アレグザンダーをサイバー軍司令官に推薦し、任命と同時に四つ星の大将に昇格させた[27]。サイバーセキュリティに対する注目は高まっていたが、米軍全体のサイバーセキュリティ対応を担うポジションは一段低く置かれ、アレグザンダーは国防総省傘下のイ

図1：サイバー軍関連組織図

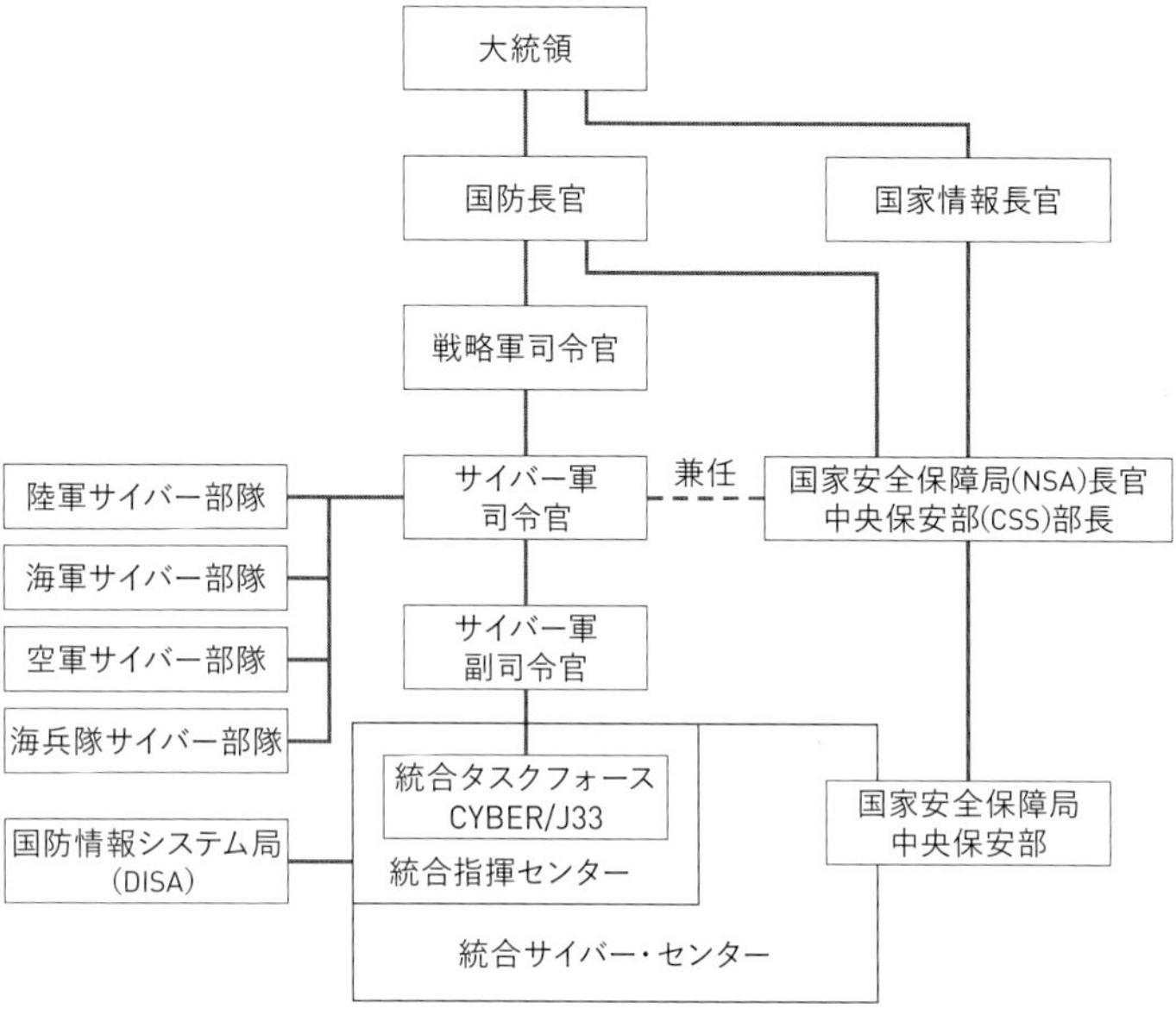

ンテリジェンス機関であるNSAの長官を最後に退任する見通しだった。
二〇〇九年六月二四日、ゲイツ国防長官は、正式にサイバー軍を設置する命令書に署名した。実働部隊編成を経て一〇月までに運用を開始した。
アレグザンダーのプロフィールによれば、彼はニューヨーク州シラキュースの生まれで、同州のウエストポイントにある陸軍士官学校に入った。軍ではG2と呼ばれるインテリジェンス部門のポジションを歴任しており[28]、ドイツへの赴任歴もある。
勉強熱心で、陸軍士官学校で理学士(BS)を取得後、ボストン大学から経営管理の修士号をとり、米海軍大学院でシステム技術（電子戦争）および物理学の修士もとっている。さらには米国防大学から国家安全保障戦略における修士号までとっている。電子戦争の可能性にいち早く気づいたことが、彼を初代のサイバー軍司令官にした。

初代のサイバー軍司令官としてアレグザンダーの一挙手一投足は、米国内のみならず、国外からも注目された。彼はそれを利用し、パフォーマンスをすることもあった。毎年八月上旬、真のハッカーたちの会議として知られるデフコン（DEFCON）がラスベガスで開かれる。実はアレグザンダーは、この会議に登場したことがある。スノーデンが機密を暴露したのは二〇一三年六月だが、その前年の二〇一二年、デフコンに招かれたアレグザンダーは、軍服を脱ぎ、Tシャツとジーンズで登壇した。スノーデンが暴露する機密を当時の人々は知らなかった。二〇回目となる記念のデフコンで、アレグザンダーは拍手で迎えられる。ところが、パソコンのパワーポイントが動かなくなる。困ったアレグザンダーは聴衆の女の子に助けてくれと呼びかけ、彼女を壇上に上げる。彼女がパソコンを触ると簡単に動いた。もともと壊れていなかったのだ。アレグザンダーは、サイバーセキュリティがチームスポーツなのだということを強調するために芝居を打ったのである。周到に計算されたプレゼンテーションであった。

本題に入ったアレグザンダーは、第二次世界大戦中のドイツのエニグマ暗号や、日本のパープル暗号の話を持ち出し、政府と民間の協力が必要なのだと聴衆に呼びかけた。政府と民間は責任を共有しているというのが彼のメッセージであった。

しかし、そうした官民の友好的な雰囲気も、二〇一三年六月の米中首脳会談と軌を一にして行われたエドワード・スノーデンによる情報暴露によって、一気に冷え込む。二ヵ月後に開かれたデフコンでは、「連邦政府よ、我々はしばらく離れている必要があるね」というかけ声が使われ、NSAやサイバー軍だけでなく、その他の連邦政府職員もデフコンから閉め出された。

NSAが違法性の高い一連の通信傍受プログラムを大規模に展開するようになるのは二〇〇一年の対米同時多発テロ(九・一一)の後であり、その時のNSA長官は後にCIA長官になるマイケル・ヘイデンであった。大規模なサーベイランス活動を可能にするブッシュ大統領の秘密命令書は、ディック・チェイニー副大統領のイニシアチブの下、NSA長官のヘイデンの求めに応じて、副大統領主席法律顧問のデイビッド・アディントンが起草した。アディントンは大統領が署名したオリジナルの命令書を自分のオフィスの金庫に入れ、コピーを自らNSAのあるフォート・ミードまで運び、ヘイデンに手渡した[29]。

前任者のヘイデンから引き継いだとはいえ、アレグザンダーは二〇〇五年八月にNSA長官になり、スノーデンの暴露までの八年近くにわたって通信傍受を実行してきたのだから、責任がないとはいえない。

スノーデンによってハッカーたちとNSAの蜜月は終わってしまった。アレグザンダーはそれから一年もせず、二〇一四年三月末にサイバー軍司令官とNSA長官を退任した。退任直前、アレグザンダーはサイバー軍を一番上の統合軍の一つに引き上げるべきだと述べた[30]。サイバー軍は今のところ九〇〇人ほどで、二〇一六年までに六〇〇〇人規模になると見込まれているが、それにしても他の統合軍とは規模が違う。例えば、太平洋軍は三〇万人といわれている。

米国における国軍(armed forces)は、法律で、陸軍、海軍、空軍、海兵隊、沿岸警備隊の五つと決められている。ただし、沿岸警備隊は国土安全保障省(DHS)の下にあるのに対し、その他の四軍は国防総省の下にある。さらに、海軍と海兵隊は同じ海軍長官の下に位置づけられるものの、それぞれ独自の組織という複雑な関係にある。

ただし、実際の作戦指揮は、五軍単位ではなく、地域別・機能別に設けられた統合軍単位でおこなわれる。統合軍には五軍のうちから少なくとも二軍が参加し、一人の司令官の下に統率される。統合軍には以下の九つがある。


【地域別】
- 北方軍(USNORTHCOM)
- 中央軍(USCENTCOM)
- アフリカ軍(USAFRICOM)

・欧州軍(USEUCOM)
・太平洋軍(USPACOM)
・南方軍(USSOUTHCOM)

【機能別】

・特殊作戦軍(USSOCOM)
・戦略軍(USSTRATCOM)
・輸送軍(USTRANSCOM)

例えば、イラク戦争を担当したのは中東地域を管轄する中央軍で、司令部はフロリダ州のタンパに置かれている。アジア太平洋地域を管轄するのは太平洋軍で、司令部はハワイ州オアフ島にある。

サイバー軍が設置されているのは、核兵器や宇宙、ミサイル、早期警戒、偵察監視などを担う戦略軍の下であり、司令部はネブラスカ州のオマハのオファット空軍基地に置かれている。

戦略軍の司令部がネブラスカ州であるのに対し、その下部組織であるはずのサイバー軍の司令部はメリーランド州のフォート・ミード陸軍基地に置かれている。それは、NSAが一九五二年の創設以来置かれている基地であることに由来する。

アレグザンダーは、退任間近の二〇一四年三月一二日に議会下院の軍事(Armed Services)委員会の小委員会（Intelligence, Emerging Threats and Capabilities Subcommittee）の公聴会で証言した。その席で、ジム・ランゲヴィン議員の質問に答えたアレグザンダーは、指揮命令系統が大統領および国防長官からサイバー軍司令官へシームレスにつながることを求めた[31]。現状では、大統領および国防長官とサイバー軍司令官の間には、戦略軍の司令官がいる。サイバー攻撃対処のように一刻を争う事態においても、軍の規律上、サイバー軍司令官は戦略軍司令官を飛び越えることはできない。

アレグザンダーは陸軍の四つ星の大将で、戦略軍の司令官セシル・D・ヘイニーは海軍の四つ星の大将である。両者は軍人としては同格だが、大統領および国防長官へ直接アクセスできるかどうかは、組織のルールで異なる。

この問題は、アレグザンダーが公聴会の場で突然言い出したことではない。二年前の二〇一二年五月一日付けのワシントン・ポスト紙は、マーチン・E・デンプシー統合参謀本部議長が、同じ内容の進言を当時のレオン・パネッタ国防長官にする見通しと報じている[32]。

むろん当時から反対論はあった。それは、アレグザンダーがNSAの長官を兼任していることだった（NSA長官は中央保安部［CSS］長官も兼任することになるので、本当は三役になるが、ここでは中央保安部のことは考えない）。ただ、この任命はゲイツ国防長官の肝いりであり、役職で定められたものではない。

アレグザンダーの退任に伴い、サイバー軍司令官とNSA長官のポストを別の人間にするのではないかとの観測も流れていた。しかし、下馬評通り、海軍の米艦隊サイバー軍司令官を務めていたマイク・ロジャース海軍中将が大将に昇任し、二つのポジション二〇一四年四月三日から兼任することになった。

ロジャースはシカゴの生まれで、アラバマ州のオーバーン大学を出た後、海軍予備役将校訓練隊を経て職業軍人となり、最初は艦艇に乗っていたが、キャリアの途中から暗号の専門家としてサイバーセキュリティの世界に入った。

ロジャースが当面取り組まなくてはいけないのは、スノーデン事件の収拾である。スノーデンは二〇一四年一二月現在、まだモスクワにおり、彼の情報に基づく暴露は断続的に続いている。そのたびにロジャースは火消しに回らなくてはならない。

しかし、ロジャースはインタビューに答え、「空が落ちてくるような仰天する事態にはなっていない」という結論に至ったという。前任のアレグザンダーが米英両国に対する最大のダメージだとしていたのとはニュアンスが異なる。内部者が関わる限り、完璧な防止法はないが、これほど大規模にやられることがないような対策を打つとも述べた[33]。

ロジャースが就任する直前の二〇一四年一月、オバマ大統領は、NSAによる情報収集活動の改革方針を示した。通話情報などのメタデータをNSAが直接収集するのをやめ、必要な時に通信会社が持つデータベースに法的手続きを踏んでアクセスすることにするという。NSAの活動に対する批判を和らげることがねらいだが、NSAはこれまで通りのペースで業務をこなせなくなるだろう。

スノーデン問題の対処に加え、サイバー軍をサブ統合軍から最上位の統合軍へ格上げできるか、サイバー軍とNSAとの関係をどう整理するか、そして、何よりも、増大するサイバーセキュリティのリスクにどう対処するかが、ロジャース司令官の課題であろう。

5 米中のサイバー対話

スノーデン問題に加えて、ロジャースが正面からの対応を迫られているのが中国問題である。米国側は人民解放軍の61398部隊の五人を訴追し、61486部隊も名指ししている。

二〇一四年七月、北京でサイバーセキュリティを研究する研究者たち複数に確認したところ、異口同音に述べたのは、「米国は記者会見する前にまず米中政府間のサイバーワーキンググループで問題を討議すべきだった」という点である。いきなり記者会見をして世論に訴えるのではなく、政府の担当官同士が集まる席で米国側は問題を提起し、中国側にしかるべき措置を求めるべきだったというのである。そうでなければ政府間でワーキンググループを設置している意味がなくなってしまう。実際、司法省の記者会見の後、中国側はサイバーワーキンググループの開催を中止すると米国側に申し入れた。

中国側はさらに、オバマ大統領がこの発表を指示したのではないかと疑っている。米国側は司法省の判断で訴追を決めたとしているが、中国政治の常識では政権トップの意向なくしてこうした対応がとられることはないと見ているのだろう。中国で外交に関わる大きな決定が行われる際には、習近平主席をはじめとする中央政治局常務委員会による合議が行われている。そうしたイメージを米国側にも投射して、オバマ大統領が関与しなかったはずはないとし、米中首脳会談で「新しい大国関係」を訴えた姿勢に変化があったのかといぶかしがっている。

しかし、米国政治の常識的な見方では、オバマ大統領が自らの意思で強く指示したということはないだろう。司法省からホワイトハウスに打診があった可能性はあるが、ホワイトハウスの閣議は日本のような正式なものではないし、中国のような少数指導者による合議制でもない。むしろ、大統領補佐官などの大統領の代理人たるスタッフが大きな権限を握っている。ホワイトハウスの関与があったとしても、そのレベルだろう。

米国から見ると、中国ではいった誰がサイバーセキュリティのイニシアチブをとっているのかが分からない。米国ではインテリジェンス機関のNSAがあり、軍のサイバー軍（USCYBERCOM）があってマイク・ロジャース海軍大将が兼務している。民間のサイバー防衛では国土安全保障省（DHS）がイニシアチブを握っている。ホワイトハウスにはサイバーセキュリティ調整官のマイケル・ダニエルがいる。

しかし、中国にはそうした役職がない。61398部隊や61486部隊のようなサイバー軍の存在は報じられているが、公式には宣言されていない。サイバー藍軍の存在が報じられたこともあるが、藍色（青色）は、赤をモチーフとする中国と人民解放軍にとっては仮想敵を意味し、サイバー藍軍は演習目的だとされている。情報通信産業の振興は工業情報化部が担当し、インターネット政策を担当するのは国家互聯網信息弁公室（国家インターネット情報弁公室）であり、情報統制を担当する宣伝部もあるが、「セキュリティ」をメインとするわけではなかった。二〇一三年七月に誰が責任者なのかと聞いたときには、関係者たちは言葉を濁していた。

二〇一四年二月、中国政府はようやく習近平主席を議長とする中央網絡与信息化領導小組を設置した。第一回の会合で、この会議がサイバーセキュリティ全般を統括することになったという。実質的な責任者は国家互聯網信息弁公室主任の魯煒《ルーエィ》である。中央網絡与信息化領導小組は国家レベルでサイバー問題を討議し、数多い関係部門を調整するための最高機関とされている。しかし、この小組もほとんど開かれておらず、二〇一五年一月になってようやく二回目が開かれた。

二〇一五年二月現在、米中政府間のサイバーワーキンググループは中止されたままである。しかし、米中間のサイバー協議が完全に切れているわけではない。実はシンクタンク主導の協議が続いている。政府間の協議を「トラック1」と呼ぶのに対し、民間での協議を「トラック2」と呼ぶ（「トラック」は「軌道、小道」の意）。中国は米国および英国とトラック2協議を進めてきた。米国ではワシントトンＤＣのシンクタンクである戦略国際問題研究所、英国ではロンドンの国際戦略研究所（International Institute for Strategic Studies：ＩＩＳＳ）が窓口となり、中国では国家安全部系のシンクタンクである中国現代国際関係研究院（China Institutes of Contemporary International Relations：ＣＩＣＩＲ）が窓口となっている。

このトラック２協議も、完全にトラック２ではなく、政府関係者や軍の関係者も非公式に参加しており、いわば「トラック１・５」になっている。あるとき、米国側から制服を身につけた軍人が出てきたことがあるという。軍服を着るということは軍を代表するという意思表示だが、中国側の人民解放軍関係者は軍服を身につけなかった。トラック１・５の内容が公表されることはないが、そこで踏み込んだ協議が行われている。

さらには、米中間でテロに関するワーキンググループも設置されており、そこでもサイバーセキュリティに関する実質的な協議も行われているという。

スノーデンの機密暴露に翻弄されながらも、米中はサイバー攻撃を抑制しようとしている。しかし、実際にそうすることは難しい。米中ともに、サイバー攻撃を実際に行っているのは政府機関や軍だけではない。政府の意向を勝手に汲んでサイバー攻撃を行っている者たちや、政府の意向とは関係なく行っている者たちもいる。中国ではすべてが指導部によって統制されていると思いがちだが、実際には政府がコントロールできないサイバー攻撃が中国の国内でも盛んに行われている。仮にトラック１のサイバーワーキンググループが再開されたとしても、簡単に片付く問題ではない。しばらくの間は、問題解決のための取り組みと平行し、米中間の宣伝戦も続くだろう。

6 長官たちの懸念

二〇一四年九月一八日と一九日、ワシントンDCのオムニ・ショアハム・ホテルで、「インテリジェンスと国家安全保障に関するサミット」が開かれた。AFCEA(Armed Forces Communications and Electronics Association)とINSA(Intelligence and National Security Alliance)という二つの団体の共催である。基本的にはそれぞれの団体のメンバーが参加者で、ほとんどは米国政府ないし米軍関係者である。

このサミットで、現役の国家情報長官(DNI)、CIA長官、FBI長官、国家地球空間情報局(NGA)長官、そしてNSA長官らが登壇した。開会の挨拶の後、予定の時間に少し遅れて来たDNIのジェームズ・クラッパーは、息を切らしながら基調演説を開始し、その日の朝に発表したばかりの「国家インテリジェンス戦略」の説明を行った。そして、後半では、インテリジェンスを職とする人が身につけるべき七つの倫理を説明した。それは、使命(mission)、真実(truth)、合法性(lawfulness)、誠実さ(integrity)、監督と報告の責務(stewardship)、優秀さ(excellence)、多様性(diversity)である。クラッパーは、スノーデンの名前は直接出さなかったものの、最近の誤りによって誠実さが傷つけられたとも言い添えた。

パネル・ディスカッションの中で、ジョン・ブレナンCIA長官は、「インテリジェンスの役割に対する疑念が大衆の中に生まれてきている」と指摘した。レティシア・ロングNGA長官も「こうした場を通じて米国民に話をしなくてはならない。対話が必要だ」と発言している。

ロジャースNSA長官は、「法と議会の監査というメカニズムにどう応えていくかが挑戦だ。議会の議員たちは私がやっていることを聞いて把握している。国民一般には伝えられないとしても、国民の代表は分かっている。こうした枠組みをどうやって国民にも広げ、世界にも広げられるかが課題だ」と付け足した。その上で、「リスクと自由の間のバランスをどうやってとるのかという問題設定は間違いだ。両方を手に入れなくてはならないのだ。適切なバランスを求める対話をしなくてはならない。社会として、国として、決断を下す。どちらかではない」と語気を強めた。

閉会前の最後のセッションで登壇したのはジェームズ・コーミーFBI長官である。一九三五年にFBIという名前になってから六九年が経ったが、コーミーはまだ七代目の長官である。一九三五年から三七年間近く、FBIの前身の調査局の時代から数えれば四八年間近くにもわたって長官だったJ・エドガー・フーバーのせいでもあるが、九・一一直前に就任し、コーミーの前任にあたるロバート・モラーも、共和党ブッシュ政権と民主党オバマ政権にまたがって一二年間も務めている。このとき、まだ就任一年あまりだったコーミーは、原稿を持たず、自分の言葉で聴衆に訴えかけた。

コーミーは、FBIの職員たちに三つのことに集中するように求めているという。第一に、リーダーシップである。人々はＦＢＩのリーダーシップを求めている。それに応えるためにＦＢＩ内部のリーダーシップとガバナンスをチェックし、才能を持つ人を育てていきたいという。

第二に、サイバーである。犯罪者はこれまで考えられなかった距離を超えて瞬時に犯罪をする。州境も国境も関係ない。サイバースペースでは上海とインディアナポリスが隣り合っている。全ての犯罪脅威はサイバーと関係するようになっている。米国政府の当初のサイバーセキュリティ対応は四歳児たちのサッカーみたいだったという。誰もがボールを追いかけてしまう。現在はパスを覚えた七歳児のサッカーになった。これからゲームのスピードを上げ、高校生レベルから、さらにワールドカップのレベルにどうもっていけるかが課題だという。

第三に、インテリジェンスである。インテリジェンスとは意思決定であり、脅威に基づいたインテリジェンスが必要になっている。誰がどんなことをしようとしているのか、優先事項は何か。情報を共有し、犯罪を減らさなければならない。

その上で、コーミー長官は、国家安全保障と自由のトレードオフという考え方は嫌いだと明言した。その両方を求めていくのがベストであり、健全な批判ならＦＢＩは受け入れていくという。

いうまでもなく、スパイ活動を行うインテリジェンス機関が倫理的な問題に直面するのは近年に限った話ではない。冷戦時代のＣＩＡ長官アレン・ダレスは、一九六三年に出版した著書『諜報の技術』の最終章を「情報機関とわれわれの自由」というタイトルにしている。重要な問題として、例えば、「いかにして民主政体はその秘密情報組織が陰謀の手段や民主的自治の伝統的自由の圧迫者にならぬよう保証すべきか」という点を挙げている[34]。

さらには、「CIAは政策に仕えはしても政策をつくったりはしない。そのすべての行動は定められた国策より出発し、一致しなければならない。政府の最高政策決定組織の認可と承認がなければ行動できない」という。CIAとNSAという違いはあるが、NSAが実施し、スノーデンが憲法違反だと考えた各種の作戦は、一応はブッシュ政権の中で法的な根拠が考えられ、承認されている。しかし、その法的根拠に多くの人が疑問を持ち、非公開の場でそれが議論・承認されたことに不満を表明している。

ダレスは著書の最後でこう記している。「今日、絶対にしてはならぬこと、それは、わが国の情報活動を鎖につなぐことである。情報活動が国防と情報収集とにおいて果たす役割は、無類の危険が絶えず存在する時代においては、不可欠なのである」。

米国民の全てではないにせよ、多くの人がNSAやその他のインテリジェンス機関の倫理性を疑い、それらを鎖につなぐことを望み始めている。現在の全ての米国のインテリジェンス機関を統轄するDNIのクラッパーが、自ら倫理を説かなくてはならなくなっている。九・一一という大失敗を超えて生き残り、むしろ肥大化したインテリジェンス機関の倫理が問われている。

第4章 英国のインテリジェンス機関とサイバーセキュリティ

1 政府通信本部(GCHQ)

米国と並んで英国も、多様かつ大量のサイバー攻撃の対象となっていることは想像に難くないが、実際の被害が報道されたり、企業名が挙がったりする機会はほとんどない。そうした中、英国がサイバー攻撃を切り抜けたケースとして例外的に引き合いに出されるのが二〇一二年のロンドン・オリンピックである。近年のオリンピックではコンピュータ・システムが多用されており、それに対する攻撃が行われれば、開会式や閉会式で停電が起きたり、計時・計測や記録に問題が出たり、結果の通知がうまくいかなくなったりするのではないかと懸念されていたが、ロンドン・オリンピックは大きな問題なく切り抜けることができた。英国政府関係者はサイバー攻撃対策の成果だとしている。ロンドン・オリンピックにおけるサイバー攻撃対策がどのようなものであったか議論されることはあまりなかったが、米国NSAのプリズムにGCHQがアクセスしていたからだと報道された[1]。
英国の最新のサイバーセキュリティ戦略は二〇一一年に出されている。この中で「インテリジェンス(intelligence)」という言葉は一五回使われている。外国のインテリジェンス機関による攻撃について言及している他、GCHQは「政府の信号インテリジェンス担当局であり、世界クラスの能力を意のままにすることができる」と述べられている。「GCHQ」という言葉自体も一三回登場しており、さらには次のような記述もある。

インテリジェンス機関と国防省はサイバースペースにおける英国が直面する脆弱性と脅威の理解と削減の改善において強い役割を持っている。特にGCHQはこの努力の中心である。しかし、内務省、内閣府、およびビジネス・イノベーション・スキル省もまた、それぞれ特定の個別能力を増強するよう予算を得ている。(中略)企業や国民との協力は不可欠である。サイバー犯罪の増加を受けて、政府の防衛・インテリジェンス部門にとって主要な懸念となる事柄は、今やわれわれすべての懸念にもなる。

英国のサイバーセキュリティ政策において、インテリジェンス機関は不可欠の役割を担っているといえるだろう。

ブラック・ハット・ハッカーの集団として知られるアノニマス、ラルズセック、シリア電子軍(Syrian Electronic Army)などに対してGCHQがDDoS攻撃を仕掛けたとの報道もなされている[2]。シリア電子軍は、内戦の続くシリアのバッシャール・アル＝アサド政権を支持するハッカーたちである。

GCHQの直接のルーツは第一次世界大戦直後に作られた政府通信学校（GC&CS）にさかのぼる[3]。もともと、第一次世界大戦の際に設置された海軍の暗号解読部局（通称：英国海軍四〇号室）の伝統が英国にはあった。第一世界大戦中、ドイツと闘う英国は疲弊し、米国の参戦がなければ敗戦の瀬戸際にあった。この時、英国はドイツからメキシコに送られた秘密通信（ドイツが勝利したら、米墨戦争によってメキシコが米国に奪われたテキサス州、ニューメキシコ州、アリゾナ州を返還するという内容）を暴露することによって、渋る米国を第一次世界大戦に参戦させることに成功した。いわゆるツィンマーマン暗号（ツィンメルマン電報）事件である。ドイツの暗号電文を英国が傍受し、解読したという事実は、周到な工作によって秘匿された上で米国に伝えられ、中立を堅持していたウッドロウ・ウィルソン大統領に参戦を決意させる要因となった[4]。

第二次世界大戦中には、ウィンストン・チャーチル首相が「金の卵」と呼んで、SIGINTを活用したことが知られている。当時のSIGINTは主に無線通信の傍受に頼っていたが、チャーチルは著書の中で次のように述べている。

> 人員と物資における最高の優先順位は無線分野と呼ぶべきものに割り当てられるべきである。これは、科学者、無線専門家、そして多くの分野の高度に熟練した労働者と上等な物資を要する。
> 戦争の勝利と我々の未来の戦略、特に海軍戦略の多くはその進展にかかっている[5]。

無線通信は敵国に傍受される可能性があったため、通常は暗号化されていた。その暗号をいかに解読するかは、戦局を決する重大事であった。

ロンドンのターミナル駅のひとつユーストンから特急で北西に一時間ほどのところにコヴェントリーという街がある。この街は、第二次世界大戦中に暗号戦の犠牲になった。英国はドイツの暗号の解読に成功していたが、その事実を悟られることを恐れたチャーチルは、コヴェントリー空襲を事前に知りながら黙認した。ドイツはチャーチルの策謀によって自国のエニグマ(Enigma)暗号機の安全性を過信し、結果的に敗北を喫することになる。エニグマはローターと電子回路によって複雑に設計された暗号機で、ドイツは絶対に破られないと豪語していたが、米英は密かに解読に成功していた。しかし、成功の事実がドイツに伝わってしまえば、ドイツは暗号を変えてしまう。それをチャーチルは恐れた。かくて爆撃は黙認され、そのおかげで現在のコヴェントリーの街には歴史的な建造物は残っておらず、観光地としては見るべきものがほとんどない。

コヴェントリーにあるウォーリック大学教授のリチャード・J・オルドリッチは、英国のインテリジェンス研究者として広く知られている。彼は『GCHQ』という英国のSIGINT活動についての著書を持つ[6]、専門家である。

彼はスノーデン問題の本質を、「プライバシーの終焉」ではなく「秘密の終焉」だと説く。スノーデンが持ち出した情報は相当な量に上り、その全容はまだ分かっていない。ロンドンの英国政府も、ワシントンDCの米国政府もパニックに陥った。第二、第三のスノーデンが出てくれば、もはや秘密は秘密でなくなってしまう。それは、人びとのプライバシーが政府の監視によってなくなってしまうことよりも危険かもしれない、とオルドリッチは指摘する[7]。

英国の一般国民は、スノーデンが暴露した事実に対して、それほど大騒ぎをしていない。監視カメラが世界一多いといわれるロンドン市民にとって、政府が人びとのプライバシーを覗くことなど当たり前であり、取り立てて騒ぐほどのことではない。二〇〇一年の対米同時多発テロ(九・一一)以前から、長年にわたりアイルランド共和国軍(IRA)のテロに直面してきた英国民にとって、政府による監視は安全のための措置として受容されていた。むしろ、スノーデンが監視の「手法」を明らかにしてしまったことで、監視のターゲットとなる組織や人の動きが変わるなどの対抗措置がとられ、秘密活動ができなくなることによる危険のほうが懸念されている。

GCHQの前身である政府暗号学校(GC&CS)はロンドンとコヴェントリーの中間ぐらいに位置するブレッチリー・パークに置かれ、第二次世界大戦の終結まで存在した。ブレッチリーはブリテン島を囲む海から最も遠い場所にあることから選ばれたという。ブレッチリー・パークは今では暗号および暗号解読をテーマとする博物館になっており、ドイツのエニグマ暗号の実機や、それを破るのに使われた「ボンブ(Bombe)[8]」と呼ばれる装置の復元機が展示されている。

オルドリッチの『GCHQ』によると、GCHQという言葉の正式な由来は分かっていないが、ブレッチリー・パークのカバー・ネームとして一九三九年頃から使われるようになっていたらしい。

GC&CSは一九四六年に正式にGCHQに改組され、一九五〇年代には、ロンドンから電車で三時間ほどかかるチェルトナムに移った。いうまでもなく、GCHQは東西冷戦への対応を求められることになるが、ロンドンから離れたGCHQはいよいよ秘密めいた存在になり、一九五二年に設立される米国のNSAとともに、その活動は一般国民には窺い知れないものとなっていった。

米国のNSAと同じく、GCHQが最初に世に知られるようになったのも奇妙な事件であった。マーガレット・サッチャー政権時代の一九八二年、GCHQのあるチェルトナムでジェフリー・プライムという男が性的な暴行事件で逮捕された。この男は、警察が自宅を訪れた時、容疑を否認したが、その晩、妻に自分が犯人であること、さらにソ連のスパイであることを打ち明けた。プライムはGC

HQの職員であり、いわゆる二重スパイだった。プライムの裁判が行われた結果、サッチャー首相は英国議会でGCHQの任務を説明させられ、多くの英国人が初めてGCHQの存在を知ることになった[9]。

2 インターネット社会の到来とGCHQ

一九八九年のベルリンの壁の崩壊、一九九一年のソ連邦の解体と続いた冷戦体制の終焉は、英国のインテリジェンス機関の大幅予算カットをもたらした。おおよそ二五%のカットだったといわれている。この規模の予算カットをおこなうには支出抑制だけでは間に合わず、人員の削減にまで踏み込まざるを得ない。冷戦に勝利したにもかかわらず、その報酬は予算カットだったことになる。

そうした状況が続く一九九四年、GCHQはインターネットの威力と脅威に気づく。インターネットはテロリストのメッセージを格安で、それも瞬時に送り届けることができる。さらには、公開鍵暗号というインターネット時代の暗号が実用化され、一般の人びとが簡単に強力な暗号を使えるようになりつつあった。

ところがGCHQは、予算カットの中で新しい技術に対応する人材を採用したり養成したりする財源が全くなかった。GCHQにとって一九九四年から数年間の主たる敵は、アルカイダではなく、技術変化のスピードだった。インターネットや携帯電話の爆発的な普及がＧＣＨＱの能力をそいでいた。

二〇〇一年の九・一一は大きなインパクトとなった。それは主として米国の問題であったが、米国と「特別な関係」を持つ同盟国としての英国、特にＧＣＨＱにとって、事件はインテリジェンス活動の大きな失敗を意味した。

ところが、その後、米英のインテリジェンス機関に起きたことは、共通して、失敗に対する懲罰ではなく、拡大と再構築であった。次の失敗を阻止するために予算と人員の急増が始まった。通常なら ば、失敗は人員の更迭・左遷、組織の縮小・取りつぶしなどにつながるはずだが、インテリジェンスの失敗では逆のことが起きた。

予算削減の続く一九九六年にＧＣＨＱは「ドーナッツ」と呼ばれる新しい本部ビルの建設を決めていた。それが完成し、ＵＦＯを思わせる巨大なドーナッツ型の建物がチェルトナムに出現したのは二〇〇三年だったが、その頃にはすでに建物が手狭になるほど組織は拡大していた。九・一一に続くアフガニスタン侵攻、二〇〇三年のイラク戦争は、インテリジェンスの役割、特にＳＩＧＩＮＴの役割を急増させていた。

ウォーリック大学のオルドリッチによれば、それは単なる量の拡大ではなく、質の転換も意味していた。つまり、情報の収集以上に、その保存と分析が困難になってきた。

冷戦時代のインテリジェンスの対象はごく限られていた。人間によるインテリジェンス活動（ＨＵ

MINT）にせよ、通信によるインテリジェンス活動（SIGINT）にせよ、ごく少数のターゲットを見張っていれば良かった。しかし、テロの時代には、テロリストたちは一般人の中に隠れており、通信料金の低下と通信技術の普及によって通信容量はそれこそ爆発的に増大している。それでも、スノーデンが明らかにしたように、通信事業者の協力が得られれば、データは簡単に入手できる。

問題は、データ量が多いため巨大な記憶媒体が必要になり、そのビッグデータを分析する高度でパワフルな能力が求められるという点である（第二章参照）。その能力さえあれば、きわめて有用なインテリジェンスが得られる。

さらに、「データ」を広義に捉えれば、「データソース」も広がることにインテリジェンス機関は気づいた。有用なデータを持っているのは通信事業者だけではない。金融機関やクレジットカード会社、ポイントカードを発行しているスーパー、病院、保険会社、地方自治体など、それまでインテリジェンス機関が密な関係を築いていなかった組織こそが有用なデジタル・データを持っている。中央政府の全省庁も、ある種のインテリジェンス機関になったといって過言ではない。

こうした情報はその気になれば比較的容易に手に入る。集めたデータを大量に保存する仕組み、それを効率的に分析するシステムこそがGCHQの課題になった。

スノーデンの事件は、二重の意味で「秘密の終焉」を示唆していると言える。一義的には、政府が機密にしていた情報の暴露である。それとともに、本事件によって、政府が集めようとする情報が、敵対勢力が隠匿している秘密ではなく、一般社会に広がる大量のデータであることが明白になったという点においてである。

スノーデンの情報暴露は英国にも深刻な影響を与えた。元GCHQの職員で、現在はオックスフォード大学で研究をしているジョン・バセットは、英国の場合、スノーデンの機密暴露によって受けた最大の打撃は技術的な能力の喪失であるという。スノーデン事件後、アルカイダの関係者によるグーグルのGメールの利用率が九〇%以上も下がり、インテリジェンスのソースが減ってきていることを明らかにしている。冷戦中の一九五〇年代、MI6の職員キム・フィルビーがソ連に情報を渡したために、英国のインテリジェンス活動がソ連にばれてしまった。そのため、英国のSIGINT能力は大きく傷つき、回復に七~八年を要した。スノーデンの暴露も同じような効果を持ち、回復に少なくとも五年を要するのではないかという。冷戦時代には、一人のターゲットから生涯にわたって情報を得ることも可能だったが、もはやそのような可能性はなくなっている。

そうした中で注目されたのが、二〇一三年一一月七日に開かれた英国議会のインテリジェンス・安全保障委員会(Intelligence and Security Committee of Parliament)である。この委員会で英国の三つのインテリジェンス機関のトップが揃い、テレビ中継の前で証言したことが大きな注目を浴びた。証言したのは、GCHQの長官イアン・ロバン卿、MI5長官のアンドリュー・パーカー、MI6長官のジョン・ソワーズ卿である。証言中、MI6のソワーズ卿は以下のように述べた。

私が申し上げられるのは、スノーデンからの漏洩は多大な損害を与えるものだということです。それらは我々の作戦をリスクにさらしています。我々の敵がもみ手をして大喜びしているのは明らかです。アルカイダはそれを楽しんでいることでしょう……[10]

オルドリッチやバセットは、スノーデンの情報漏洩が英国のインテリジェンス機関に大きな被害をもたらしたと述べている。ソワーズ卿の言葉はそれを裏書きするものである。アルカイダは実際に戦術を変えているという報道も出ている[11]。またGCHQ筋からのリークでは、GCHQが追っていた対象の四分の一がコミュニケーション手段を変更したため、追跡ができなくなったという[12]。英国のインテリジェンス機関にとってもスノーデン事件のインパクトは大きかった。

二〇〇八年からGCHQの長官を務めるロバン卿は、実質的にスノーデン問題の責任をとる形で辞任することが二〇一四年一月に明らかになった。一九六〇年生まれで、辞任表明時点ではまだ五三歳というロバン卿は、リーズ大学卒業後まもない一九八三年にGCHQに入った生え抜きの長官である。政府はスノーデン問題による罷免ではなく、以前から決まっていた退任だとしているが、多くの英国人はそう見ていない[13]。結局、二〇一四年一〇月にロバン卿は退任し、一一月にロバート・ハニガンが就任した。

現在、GCHQは職員六〇〇〇人、二〇億ポンド（約三四五四億円）の予算を持つに至っている。英国では、GCHQや、SIGINTの重要性に関する認識が広く行き渡っており、その存在自体を疑問視する声は少ない。しかし、極端なプライバシーの侵害はやはり問題である。

3 英国の政策

英国はサイバーセキュリティに関する文書を数多く発している。

二〇〇八年、英国は最初の国家安全保障戦略（National Security Strategy）を公表し、それを「国家の安全の確保に関与するすべての省庁、部局、軍の目標と計画を統合する単一の包括的戦略」と位置づけた[14]。

しかし、その国家安全保障戦略がサイバースペースを重要な国家安全保障の領域と定義するのは翌二〇〇九年のことである。それによれば、サイバースペースとは、「あらゆる形態のネットワーク化されたデジタル活動。これはコンテンツおよびデジタル・ネットワークを介して行われるすべての活動を含む」となっている[15]。

サイバーセキュリティに起因する脅威認識は広範にわたる。不道徳なコンテンツから詐欺的な犯罪行為、スパイ活動からインフラストラクチャに対する破壊的な攻撃まで多種多様である。

敵対的な国家、テロリスト、犯罪者は、われわれの権益を弱体化させるためにサイバースペースを用いることができる。これは国家レベルで行われる可能性がある。例えば、われわれの重要インフラストラクチャに対する攻撃がある。しかし、サイバースペースにおける安全保障上の脅威は、企業や個人の利益を脅かすことにもなる。過去においては、国家安全保障とは国家と国益を守ることであると政府は考えてきた。これはいまだに重要ではあるが、しかし、今日の世界においてわれわれが直面しているリスクの本質は、国家安全保障へのわれわれのアプローチが個々の市民や企業を守ることにも同様に向けられなくてはならないことを意味している。したがって今日、この戦略の改定にあたり、われわれは、サイバーセキュリティに関する英国の最初の国家戦略を発表し、安全な方法でデジタル・ブリテンの恩恵を人々が受けられるようにする[16]。

二〇一〇年の国家安全保障戦略では、サイバーセキュリティは情報通信ネットワークの最上位階層である「ティア1」の脅威であり（「ティア」は階層の意）、人工衛星によって受信、送信、収集される情報への意図的な破壊が、「ティア1」に接続される下部層「ティア2」の脅威である、と述べられている[17]。これらの安全保障戦略とサイバースペースの定義は内閣府主導で作られたが、内閣府は英国政府内において、日本のそれと比較して強い権限が与えられている。

二〇一〇年の戦略的防衛・安全保障レビュー(Strategic Defence and Security Review：SDSR)では、可能性とインパクトの評価に基づいてリスクを三つのティアに整理している。この戦略においてもサイバーセキュリティは「ティア1」として位置づけられている。つまり、英国の国家安全保障にとって最も深刻な脅威の一つと見なされているということである。この戦略の公表にあたり、国家サイバーセキュリティ・プログラムへの資金拠出が発表された。この戦略は、国防省の「サイバー作戦グループ(Cyber Operations Group)」の形成も発表している[18]。
サイバーセキュリティに特化した文書としては、二〇〇九年のサイバーセキュリティ戦略(Cyber Security Strategy：CSS)が、英国で初めて発表された統一的サイバーセキュリティ戦略である(ただし、以前に出された国家情報保証戦略［National Information Assurance Strategy：NIAS］が同じ領域をカバーしている)。サイバーセキュリティ戦略は、国家、民間部門、一般市民を包含する広い安全保障枠組みによって構築された政府全体の戦略である。その目標は以下のように述べられている。

市民、企業、政府は、安全かつ回復力のあるサイバースペースの恩恵を全面的に享受することができる。国内外でともに取り組むことで、リスクを理解して対処し、犯罪者とテロリストにとってのメリットを減らし、サイバースペースにおける英国全体の安全と復元力を増進するための機会をつかむことができる[19]。

サイバーセキュリティ戦略は、国家サイバーセキュリティ・プログラムの創設、および同プログラムの実施に当たる二つの組織の新設へとつながった。最初の組織は、サイバーセキュリティ局（Office of Cyber Security：OCS）であり、現在ではサイバーセキュリティ情報保証局（Office of Cyber Security and Information Assurance：OCSIA）と呼ばれている。第二の組織は、サイバーセキュリティ作戦センター（Cyber Security Operations Centre：CSOC）であり、サイバー・ネットワークへの攻撃をモニターするために設置された。これは通信傍受や暗号解読を担うインテリジェンス機関である政府通信本部（GCHQ）内に置かれている。

二つの組織以外にもサイバーセキュリティ戦略によって設定されたステップとして以下が挙げられる。

- 英国のネットワークを守るための革新的未来技術の開発のための追加資金の供給
- 不可欠なスキル育成の促進
- 広範な公的部門、民間部門、人権団体、国民、国際的パートナーとの密接な協働[20]

二〇一一年には新たなサイバーセキュリティ戦略が発表された。二〇一一年の戦略は、二〇〇九年の戦略と比べて、サイバーセキュリティにおける民間部門と市民の役割と責任をいっそう強調した点が際立っている[21]。

英国政府の現在のサイバーセキュリティ政策は、「国家サイバーセキュリティ・プログラム（National Cyber Security Programme：NCSP）」を中心に展開している。これは、二〇一〇年の戦略防衛・安全保障レビュー（SDSR）の一部として発表された。四年間で六・五億ポンド（約九四六億円）をサイバーセキュリティのために政府機関に配分するというものである。このうち約六〇%は、インテリジェンスおよび安全保障機関（MI5、MI6、GCHQ）に割り当てられる。その次に大きいのが国防省である。二〇一一年から二〇一三年の間に、インテリジェンスおよび安全保障機関は一億七五〇〇万ポンド（約三〇一億円）を使うと見込まれている[22]。

NCSPは、前述の内閣府の一部局であるサイバーセキュリティ情報保証局（OCSIA）によって管理・調整されている。

原則的には、NCSPの成果物に責任を負っている政府機関が一五存在する。しかし、実際に関与する組織・部門は官民でずっと多くなる。

NCSPは、サイバーセキュリティに関連して四つの戦略的目標を有している。
① サイバー犯罪に取り組み、英国を、ビジネスをするのに最も安全な場所の一つにする。

②英国をサイバー攻撃に対してもっと抵抗力のあるものとし、サイバースペースにおける英国の権益をより十分に守れるようにする。
③英国民が安全に使え、オープンな社会を支持するような、オープンで、安定的で、活力のあるサイバースペースの形成に資する。
④すべてのサイバーセキュリティの目標を支持するために英国の分野横断的な知識、技能、能力を構築する。

このうち、国防省とともにインテリジェンスおよび治安関連機関は、第二の目標を達成することが期待されている。

しかし、実際には多くの機関が第一の目標（サイバー犯罪）に従事していることからも分かるとおり、英国政府が比較的広く定義していることとも相俟って、サイバー犯罪は現時点でのサイバーセキュリティのリスクという点で、英国が直面する最もやっかいな問題と言ってよいだろう。

サイバー犯罪は、英国の枠組みにおける「サイバーセキュリティ」の全体概念を構成する最大かつ最も永続的な脅威となっている。英国内務省は、「サイバー犯罪」の法的な定義をしていないが、「オフラインで違法なものはオンラインでも違法」と見なしている[23]。

政府が訴追手続きのために使ったり、法律の専門家がサイバースペースの活動にも適用可能として引用したりする既存の法律は数多く存在するが、目下、英国政府は「通信データ法(Communications Data Bill)」を審議中である。同法は、インターネット・サービス事業者(ISP)に利用者情報とデータを保持するための広範な権限を与えるものである。

さらに、サイバーセキュリティにおける政府の慣行に関連するたくさんの規制がある。これらはセキュリティ関連の目標を達成するために「上級情報リスク担当官(Senior Information Risk Officer:SIRO)のための部局を持つことを求めている。

4　英国の組織

英国では、米国のような集中型のシステムをとっていない[24]。英国では主としてMI6、MI5、GCHQ、防衛インテリジェンス(Defense Intelligence:DI)という四つの機関がインテリジェンス活動に従事しているが、それぞれの機関が集めた情報は、合同情報委員会(Joint Intelligence Committee)に集められ、検討される。合同情報委員会には二〇名ほどの有能な評価スタッフが集められている。

MI5は、現在でもカウンター・テロリズムに圧倒的に力を入れている。リソースの七〇%以上が振り向けられており、「国際的なカウンター・テロリズム」が主たる活動である。しかし、二〇一〇年には、「情報通信技術」への支出が増加している。二〇〇九年、MI5は、デジタル・インテリジェンス（DIGINT）プログラムを設置し、技術的な研究開発とともに、デジタル・インテリジェンス収集・分析により多くの人員と先進技術を投入することとした。さらに、サイバーセキュリティの「作戦」面に関与すると報道されているサイバー調査チーム（Cyber Investigations Team）も運用している。

サイバーセキュリティという点では、MI6は、GCHQと協力しながら海外での作戦を実施している。議会で証言した匿名のMI6職員は、人間によるインテリジェンス（HUMINT）は、GCHQが精査する情報の収集手段として重要であり、MI6は、「GCHQのサイバー探知・防衛業務の重要な役割の担い手」であると証言する[25]。

GCHQは、サイバーセキュリティ領域に関して中核的なインテリジェンス安全保障サービスである。それはSIGINTの中心的機関であり、情報保証・サイバーセキュリティという点で英国の主要な技術能力・知識が存在するところでもある。

GCHQは、公的に認められている四つのサイバーセキュリティ分野をカバーしている。

① 情報保証（information assurance）
② サイバー攻撃の分析・調査
③ インテリジェンス収集

④ 攻撃・防御サイバーセキュリティ研究

GCHQ内には多くの部局と連携組織が設けられている。

通信・電子セキュリティ・グループ（Communications-Electronics Security Group：CESG）は保護とインシデント対応を担う。情報保証のための国家の技術的権威として認められている。他の政府組織が獲得しようとする情報保証の標準の設定に寄与する。国家的な安全標準の実施、暗号製品の利用、情報保証のための安全保障政策と手続きの公表に関して、いくつかの重要な民間組織とともに政府組織への提言と諮問を行うことも含まれる。

次に、ネットワーク防衛インテリジェンス・セキュリティ・チーム（Network Defence Intelligence and Security Team：NDIST）は、英国政府の権益に対するサイバー攻撃に関連する調査・分析活動を行っている。

インターネット運用センター（Internet Operations Centre：INOC）は二〇〇七年に設立され、インターネット関連活動を支援するべく、すべてのGCHQのコンピュータ・ネットワーク運用能力を一つのチームに統合している[26]。

サイバーセキュリティ作戦センター（CSOC）はサイバーセキュリティ戦略によって二〇〇九年に設立され、英国に関係するサイバーセキュリティ問題の報告と評価を行い、サイバーセキュリティ事案の管理と調整を提供している[27]。内閣府の指揮下にあったが、二〇一二年までにGCHQの指揮下に移った（もともとGCHQの敷地内に設置されていたことは前述の通りである）。CSOCは複合機関であり、複数の異なる政府部門からの出向職員で構成されている。当初一一人でスタートしたスタッフは、二〇一一年に一九人、二〇一二年には三〇人に増員されたとされる。

5 英国軍の対応

英国軍のインテリジェンス部門である防衛インテリジェンス（DI）は英国のインテリジェンス・コミュニティの一部と見なされているが、資金的にも、国防省の中にあるという点でも組織的に別枠である。さらに言えば、DIは個々の英国軍のインテリジェンス機関とも別になっている。

DIの下には防衛サイバー作戦グループ（Defence Cyber Operations Group：DCOG）と統合サイバー・ユニット（Joint Cyber Unit：JCU）が存在する。

NCSPの一部として、国防省は、防衛サイバーセキュリティ・プログラム（DCSP）の資金に九〇〇〇万ポンドを使い、DCOGを設立した。DIに位置するこの組織の目的は、国防省全体にサイバーセキュリティを組み込み、防衛作戦全般にわたってサイバー活動を統一的に統合することである。

DCOGの一部となっているJCUは二つある。ひとつはチェルトナムのGCHQにあり、その役割はサイバースペースでの作戦全般において、高度なセキュリティを含む、軍事的な効果を発揮できる新しい戦術、技術、計画を開発することである[28]。もうひとつのＪＣＵはグローバル作戦および安全保障管理センター（Global Operations and Security Control Centre：ＧＯＳＣＣ）の中にある。ＧＯＳＣＣは、国防省のネットワークに対するサイバー攻撃をモニターしており、サイバー攻撃の際には指揮命令センターを提供することになっている。

サイバーと影響力に関する科学技術センター（Cyber and Influence Science and Technology Centre：Ｃ＆ＣＳＴＣ）は、防衛科学技術研究所（Defence Science & Technology Laboratory：ＤＳＴＬ）の一部であり、ＮＣＳＰとＤＣＳＰの一部でもある。この組織は、物理学、情報学、社会科学、行動科学を横断する学際的な研究領域をサイバースペースの観点から研究しており、人間行動への影響も扱っている。

統合安全保障調整センター（Joint Security Co-ordination Centre：ＪＳｙＣＣ）は、国防省の情報セキュリティ・インシデント管理と関係するリスク分析活動の実施と調整について、防衛情報保証の評価を行うとされている[29]。それに加えて、情報セキュリティ・インシデントが起きた際には警察とカウンターインテリジェンスの部隊の調整も行うことになっている。

国防省は、遅くとも二〇〇九年から、情報保証とサイバーセキュリティについて米国と正式な覚書（ＭｏＵ）を結ぼうと交渉して来た。すでに英国は、サイバー犯罪（詐欺やクラッキング）、幼児ポルノの拡散といったいくつかの分野で、米国のＦＢＩや国土安全保障省（ＤＨＳ）などの組織と協定を結んでいる。しかし、サイバーセキュリティのさらなる改善をめざし、新しい研究開発に資金を出すオーストラリアおよび米国との三カ国イニシアチブをスタートさせた[30]。

また英国は、エストニアの首都タリンにある北大西洋条約機構（NATO）のCCDCOE（Cyber Defence Centre of Excellence：協調的サイバー研究拠点。ただし、英国大使館を通じての参加であり、専従要員がいるわけではない）や、オーストラリア、カナダ、ニュージーランドとともに、米国DHSが二〇〇六年から隔年に実施している対サイバー攻撃合同演習「サイバー・ストーム」にも参加している。また、NATOのサイバー防衛管理局（Cyber Defence Management Authority：CDMA）にも関与している。CDMAは、毎年、敵方を意味する「レッド・チーム」と自軍を意味する「ブルー・チーム」に分かれて演習を行うとともに、有事にはNATOのサイバーセキュリティ指揮センターともなる組織である。

英国のユニークな取り組みとして知られているのが、予備役の活用である[31]。二〇一三年五月に英国の統合軍サイバー・グループが設立されたが、そこには「統合サイバー予備軍（Joint Cyber Reserve）」も含められることになった。ローマ時代から温泉で有名なバースの近くのコーシャムという街に置かれている統合サイバー部隊や、GCHQのあるチェルトナムに置かれた統合サイバー部隊を支援するのが統合サイバー予備軍の役目である。統合サイバー予備軍には軍務経験のない人でも参加できる。サイバー分野のスキルがあり、一八歳以上の英国市民で、五年以上英国に住み、セキュリティ・クリアランスを取得できることなどが条件となっている。これによって、通常の予備役に興味がなかった人でもサイバーセキュリティの分野で志願できるようにし、人材を確保しようという意図が見て取れる。予備軍なので、フルタイムの勤務ではなく、平日の空いた時間や週末に軍務に就くことになる。問題のある人材を招き寄せる恐れがあるため、これまで以上に人物調査が重要になるだろう。それだけのリスクを負っても、ＩＴ企業などで働く優秀な人材を活用できる可能性は魅力である。いずれにせよ、サイバーセキュリティ分野の人材供給が、高まるニーズに追いついていないことが問題の背景となっている。

6 人材育成

サイバーセキュリティのための熟練人材を雇用・保持することは英国政府のみならず各国の課題である。ＧＣＨＱのディレクターは、議会で「大きな問題は、政府が必要な技術スキルを持つ人に魅力的な給与を提供できないということである。高給職は例えばグーグルやマイクロソフトで見つけることができる」と証言している[32]。同ディレクターは続けて、「毎月、『申し訳ありませんが、三倍の給料と車とその他をもらいにいきます』といって辞めていく人材がいる」と状況を吐露している[33]。

雇用・保持の問題に対処するためにパフォーマンスに応じたボーナスの導入も提案されている。

サイバーセキュリティに関連して、現在および将来必要となるスキルや知識を如何にして獲得するかという問題は、英国政府に数々の戦略コミュニケーションや教育イニシアチブを導入させることになった。それによって、①必要な技術的スキルを持っている人やその獲得に興味を持つ人がいるようにする、②その人たちが政府の仕事に興味を持つようにする、ことが期待されている。

GCHQは、工学・物理学研究評議会（Engineering and Physical Sciences Research Council：EPSRC）、そしてビジネス・イノベーション・スキル省とパートナーを組み、八つの「サイバーセキュリティ研究における学術研究拠点」を認定した。工学・物理学研究評議会はサイバーセキュリティを研究する主要な英国の学術団体である。毎年四〇〇〇～五〇〇〇万ポンドが投入され、サイバーセキュリティに関連する分野で一〇〇人の博士課程学生が修了することが見込まれている。

さらにはGCHQが、六大学を「サイバースパイ養成校」に認定するという報道も現れた。六大学とは、エジンバラ・ネピア大学、ランカスター大学、オックスフォード大学、ロンドン大学ロイヤル・ホロウェー校、クランフィールド大学、サリー大学を指し、これら六大学のいずれかの修士課程でサイバー犯罪と戦う技術を持った専門家を養成するという[34]。

まったく別のアプローチとして、「国家暗号チャレンジ（National Cipher Challenge）」がある。これは英国の高校生がサウサンプトン大学でサイバースペースと暗号について教育を受けるというものである。さらには、コミュニケーション、セキュリティ、エンジニアリングなどの大学の多くで二年間の技術研修プログラムが提供されている。

そもそもＧＣＨＱで働くということは、どういうことなのだろうか。ＮＳＡとＧＣＨＱに対する批判にもかかわらず、ＧＣＨＱ職員だった前出のジョン・バセットに対する風当たりは、実際はそれほど強くないようである。彼は今、ＧＣＨＱの現役職員に代わって、ＧＣＨＱの立場を代弁しながらさまざまなところで講演しているが、英国内であからさまな批判に直面することはほとんどないという。学生と対話をしても、多少の反対はあるものの、半数はＧＣＨＱの活動に賛成であり、その他は慎重に話を聞こうとするという。

そもそも、ＧＣＨＱで働くということに家族は反対しなかったのか尋ねると、それはまったくなかったという。英国ではインテリジェンス機関で働くことは名誉ある仕事とする伝統がある。給与はそれほど高いわけではないが妥当であり、安定したポジションで年金も良い。外の世界での名誉は得られないが、インテリジェンス・コミュニティ内部でもピアレビュー（相互評価）があり、良い仕事をすれば評価され、達成感を得られるようになっている。

一般の人々も、インテリジェンス活動の重要性を理解している。現在ではブレッチリー・パークの成功が広く共有されており、ＳＩＧＩＮＴ活動によって第二次世界大戦に辛くも勝てたという点が理解されているからだという。バセットは、米国とはインテリジェンスに関する文化が違うと指摘する。

したがって、ＩＴ企業やその他の企業がＧＣＨＱなどのインテリジェンス機関に協力するのも、法的な要請があることは否めないものの、そうすることが当然とする文化があるからでもある。

7　安全とプライバシーの優先順位

英国でインテリジェンス活動について学べる数少ない大学のひとつ、バッキンガム大学のアンソニー・グリース教授は、英国と米国では議論の立て方が異なると指摘する。前章で見た通り、米国では安全保障とプライバシー（あるいは自由）のバランスをとらなくてはならないとする議論が多い。それらはトレードオフでもなく、同時に追求すべき価値だとされている。

ところが、グリースは、英国では安全保障が何事にも勝って優先されるという。安全が確保されていないところでプライバシーを論じても仕方がないからである。英国民はそれを理解しているという。

そして、予算や人員の規模、技術力で米国の後塵を拝しているとしても、英国のインテリジェンス・コミュニティは米国より成熟しているともグリースは指摘する。国家安全保障は、政府が確保しなければならない根源的な義務である。そのためにインテリジェンス活動は必要とされており、その是非はいうまでもないということになる。

ＭＩ５の職員だったピーター・ライトは、退職後に回顧録『スパイキャッチャー（Spycather）』を出版した[35]。英国政府はこの本を出版禁止にしようとしたが、ライトはオーストラリアに脱出し、出版に成功する。無線技術者だったライトのＭＩ５での活動は、多くの違法活動を例示するとともに、

ＭＩ５の中にソ連のスパイが浸透していた可能性を示した。この本の評価は様々だが一〇〇万部も売れたため、英国民にとってはインテリジェンスとは何かを学ぶ格好の機会になった。

しかし、英国のインテリジェンスに対する寛容な文化も、やはりスノーデンの機密暴露によるダメージを避けられなかった。ＭＩ６のソワーズ卿は初めてオンレコのインタビューを受け、その内容は二〇一四年九月二〇日のファイナンシャル・タイムズ紙に掲載された[36]。なぜインタビューを受けることにしたのかという質問に対し、ソワーズ卿は「なぜインテリジェンスが必要なのか人々がもう少し理解することが重要だからだ」と答えている。スノーデンの事件が起きたことで、インテリジェンスの必要性を疑う人たちが出てきていることを懸念したのである。

スノーデンの機密暴露は、各インテリジェンス機関に光を当てることになった。それはまさにスノーデンが望んだことでもある。しかし、その暴露によってインテリジェンスの能力が本当に削がれたのかどうかはまだ正確には分からない。これから大きなテロやサイバー攻撃が起きれば、それは間違いなくスノーデンのせいにされるだろう。スノーデンはそれにどう答えるのだろうか。

第5章 グローバル・コモンズと重要インフラの防衛

1 作戦領域の変容と技術

古代ローマ帝国の軍隊が強かった要因の一つに、「ローマ街道」と呼ばれる道路の整備があったことはよく知られている。広大な帝国の領土に由来する長大な防衛線を維持するため、いかに軍隊を迅速に動かし、食糧や武器の調達・補給というロジスティクス問題をどう解決するかは、いつの時代にもつきまとう課題である。紀元前にローマがあれほど広大な帝国を維持できたのには、物流と通信のインフラストラクチャ[1]となる石畳の道路、それにつながる石造りの橋、さらには馬を制御する技術や丈夫で効率的な馬車、郵便馬車制度などを含めた道路ネットワークの発達が寄与している。道路を作る技術が「作戦領域（operational domain）」を大きく広げたことになる。

その後、作戦領域をさらに広げることになったのは、造船と航行技術、港湾設備、保険といった一連の海運技術であった。銃や火薬といった火器技術の進歩と合わせて大航海時代が到来すると、ポルトガルやオランダの商船が戦国・江戸時代の日本にまで現れる。新大陸やアジアで繰り広げられた武断的植民地経営はヨーロッパに大きな富をもたらすことになった。

一九世紀前半には鉄道が実用化され、ヨーロッパの戦争を変えていく。それにいち早く気がついたのはプロイセンのヘルムート・フォン・モルトケであった。モルトケは「作戦計画」という文書の中で、しばしば鉄道の役割に触れている[2]。対戦国との国境付近まで鉄道によって軍隊を一気に運ぶことができれば、戦局を優位にすることができる。シベリア鉄道は日露戦争さなかの一九〇四年九月に開通しているが、もっと早く敷設され、ロシアが陸路でも極東に大量の軍を動員できていたら、日露戦争は異なる結末を見たかもしれない。

一九世紀半ばになると電信技術が実用化され、大英帝国によって世界中に電信網が張り巡らされる。海底ケーブルの実用化によって世界の裏側まで数時間でメッセージが伝えられるようになり、当然、電信技術の発達は外交と戦争を変えていくこととなった。

続く第一次および第二次世界大戦を契機とする航空機とミサイル技術、そして潜水艦の発達は、作戦領域を三次元化し、それ以後の戦争の姿を大きく変えていく。それらが核兵器などの大量破壊兵器の運搬技術として用いられることによって作戦領域は様相を一変する。もはや局地的な戦闘員同士による戦争は過去のものとなり、当初から一般市民の犠牲を織り込んだ広大な作戦領域を想定しなくてはならない。

多くの国の軍隊が、当たり前のように陸軍、海軍、空軍から構成されているのは、従来の作戦領域が、陸地、海洋、そして上空に限られていたことを示している。しかし、それは近年の技術によってさらなる変貌を遂げようとしている。作戦領域が宇宙とサイバースペースにまで拡大されようとしているからである。人類初の人工衛星スプートニクが打ち上げられた一九五七年以降、じつに多くの人工衛星が打ち上げられ、その用途は拡大の一途を辿っている。特に、全地球測位システム（Global Positioning System：GPS）は軍事利用から一般商業利用に開放され、カー・ナビゲーションなどを通じて日常的に人々が使うようになっている。一九九〇年代半ば以降、インターネットや携帯電話が爆発的に普及することで、われわれの社会はサイバースペースに大きく依存するようになってきた。

しかし、社会的な機能が何物かに大きく依存するようになるとき、そこには新たな脆弱性が生まれることになる。米国政府は二〇一〇年頃から、陸、海、空に次いで宇宙空間が「第四の作戦領域」であり、サイバースペースが「第五の作戦領域」であると各種報告書の中で指摘するようになった。これは単なるレトリックなのか、それとも将来に重要な影響を及ぼす認識の変化なのだろうか。

2 米国政府の認識変化

サイバー攻撃が注目を集めるようになって久しいが、国際紛争での最も早い事例としては、一九九一年から二〇〇〇年にユーゴスラビア連邦解体の過程で起こった内戦であるユーゴスラビア紛争が挙げられる。一九九九年五月、北大西洋条約機構（NATO）軍によるベオグラード空爆の際、中国大使館が誤爆される事故があった。誤爆後、米政府系のウェブページが中国から次々と報復攻撃を受け、中国政府がサイバー攻撃の利用価値に気づくきっかけとなった[3]。後に中国でサイバー攻撃を担う「網軍」と呼ばれるネットワーク軍（中国語で「網」はネットワークのこと）、サイバー軍の創設の端緒である。

これに対し、一九九九年一〇月七日、米国のヘンリー・シェルトン統合参謀本部議長は、同年春のNATO軍によるユーゴスラビア空爆の際、米宇宙軍（United States Space Command）がユーゴ軍のコンピュータ・ネットワークの攪乱や破壊を狙うサイバー攻撃を実施したことを明らかにした。それ以前からNATO側のシステムに対する攻撃が行われてはいたが、NATO側が攻撃を公表したのは初めてであった。その年の一〇月から米宇宙軍には、サイバー攻撃に対する防御が新たな任務として加えられた[4]。

二〇〇〇年一〇月、米宇宙軍のリチャード・マイヤーズ司令官は、前年のサイバー防御を任務とするという決定からさらに踏み込み、サイバー攻撃を二〇〇〇年一〇月から新たな戦争技術として正式に採用し、必要な技術の開発や要員の育成、本格的な戦術・戦略づくりに乗り出すと発表した。その実例として、敵の防空システムを支えるコンピュータ・ネットワークに侵入し、その能力を破壊、混乱、低下させることなどを想定すると述べた[5]。

米国政府、特に国防総省内での作戦領域に対する認識の変化は、ジョージ・W・ブッシュ政権(二〇〇一〜二〇〇九年)時代に始まっている。その背景には、テロ組織アルカイダなどがインターネットを活用していたこと、重要インフラストラクチャに関連する脅威が現実化してきたことなどがあった。二〇〇一年六月二一日に米国議会上院軍事委員会で国防戦略の見直しについて証言したラムズフェルド国防長官は、クリントン政権時代に作られた既存の戦略が「機能していない」として、国防戦略の転換を示唆した。そして、人工衛星への攻撃への防御などの宇宙防衛、サイバー・テロへの備え、ミサイル防衛の推進、精密誘導装置による攻撃精度の向上などを推進する方針を示したという[6]。

そして、二〇〇一年八月、ブッシュ大統領は、宇宙軍でサイバー防御とサイバー攻撃を主導してきたマイヤーズ司令官を、米四軍のトップである統合参謀本部議長に任命した[7]。宇宙やサイバーという分野で米軍を牽引してきたマイヤーズに、いっそうのハイテク化をブッシュ大統領とラムズフェルド国防長官は期待したことになる。

ブッシュ大統領は二〇〇一年九月に対米同時多発テロを経験し、戦争大統領へと変貌していく。

九・一一前に執筆され、その直後に発表された「四年毎の国防戦略見直し（QDR）」においても「技術的進歩は宇宙とサイバースペースにおいても競争が展開する可能性を生み出している」という表現[8]や、常設的な統合タスクフォース（Standing Joint Task Forces）が「空から、海から、地上で、そして宇宙やサイバースペースを通じて警告なしに攻撃する能力を必要とするだろう。そうした組み合わせの効果を最大化するためにこれらの軍がネットワーク化されることも必要になるだろう」といった表現も見られる[9]。「作戦領域」という言葉こそ使われていないが、陸、海、空、宇宙、サイバースペースという組み合わせは、すでに自明のこととなっていた。
さらに、第二期のブッシュ政権時代の二〇〇六年に発表されたQDRには、本土防衛の文脈において次のような文章が見いだせる。

大量破壊兵器による攻撃やハリケーン・カトリーナのような壊滅的事案といった重大事件に国が対応し、それを管理することに貢献し、求められればすべての領域（例えば、空、陸、海、宇宙、サイバースペース）において防衛対応のレベルを上げる[10]。

ここでも「作戦領域」という言葉は明示的に使われてはいないが、それにつながる認識は示されている。

それが明示的に現れたのはバラク・オバマ政権の成立から約一年経った二〇一〇年二月に発表されたQDRであった。ここで新しく出てきたのは「統合エア・シー・バトル概念(joint air-sea battle concept)」であった。それとの関係で次のように述べられている。

洗練された接近阻止・領域拒否能力を備える敵を含む、さまざまな範囲の軍事的な作戦にわたる敵を打ち倒すため、空軍と海軍はともに新たな統合エア・シー・バトル概念を発展させている。この概念は、米国の活動の自由に対する挑戦に対抗すべく、すべての作戦領域——空、海、陸、宇宙、サイバースペース——にわたって空軍と海軍がいかにして能力を統合させるかを扱う。それが結実すれば、この概念は効率的なパワー・プロジェクション作戦に必要とされる将来の能力の発展を導くのに資するだろう[11]。

ついに宇宙とサイバースペースが「作戦領域」であることが明確に示されたことになる。オバマ政権にとって、ブッシュ政権が始めた対テロ戦争やイラク戦争を収拾し、その間に台頭してきた中国に如何に対処するかが大きな政策課題になりつつあった。中国の海軍力増強が明らかとなりつつある中、西太平洋における米軍の対応を再構築したのがエア・シー・バトル概念であり、宇宙とサイバースペースにおいても中国が能力開発を急いでいることが、こうした認識へつながったといえるだろう。

図2：アメリカ軍管理系統図

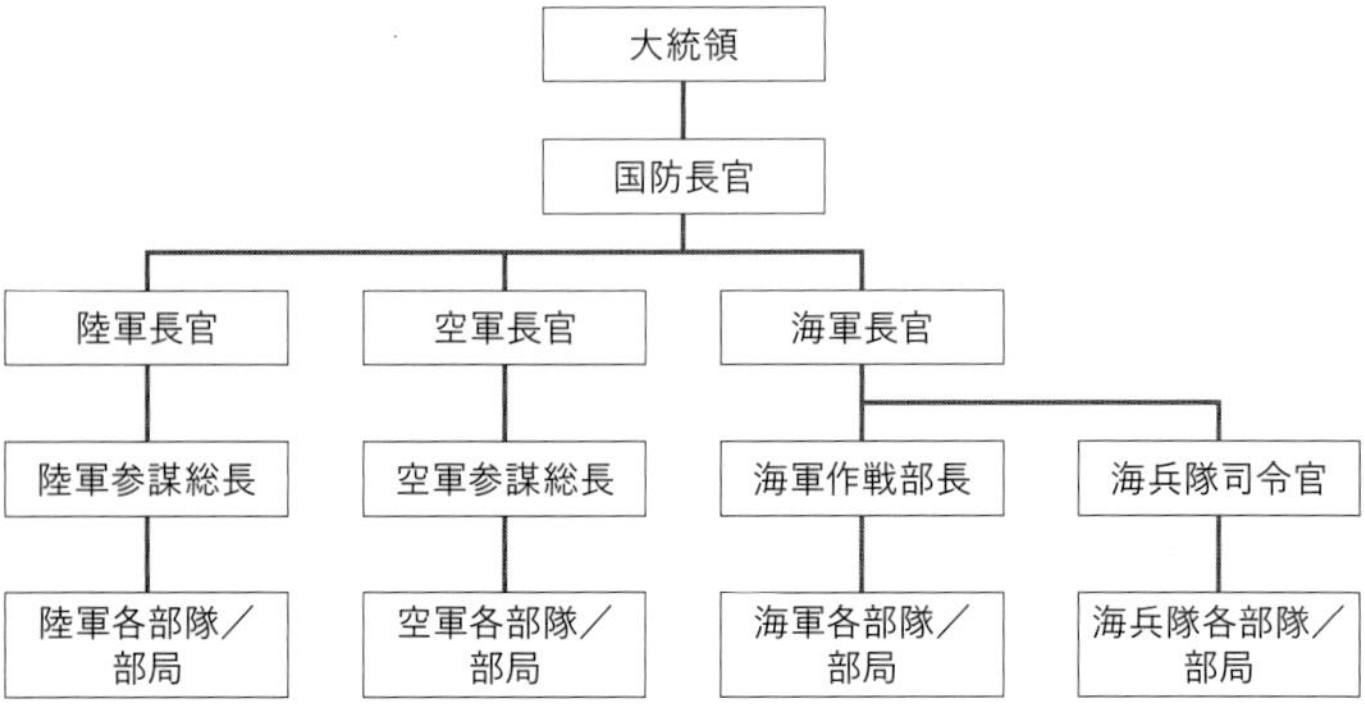

同年五月、米軍の戦略軍の下にサイバー軍が設置される。同月、ホワイトハウスが発表した「国家安全保障戦略(National Security Strategy)」は、宇宙とサイバースペースについて何度も言及しており、「伝統的な戦場で敵に直面することに加えて、米国は今や、宇宙とサイバースペースへのわれわれの依存を標的とした非対称的な脅威にも備えなくてはならない」といった文章の含意は明白であろう[12]。
この時期、矢継ぎ早に各種の報告書が出されている。ホワイトハウスは宇宙についても二〇一〇年七月に「国家宇宙政策(National Space Policy)」を出し、二〇一一年一月には国防総省と国家情報長官室が共同で「国家安全保障宇宙戦略(National Security Space Strategy)」のサマリーを発表している(戦略全体は機密扱いとされている)。後者では、各種攻撃からの「復元力を高めるため、現在、主として宇宙ベースのプラットフォームを通じて提供されている重要能力について、陸、初、空、宇宙、サイバーのそれぞれをベースにした代替策を

図3：アメリカ軍指揮系統図

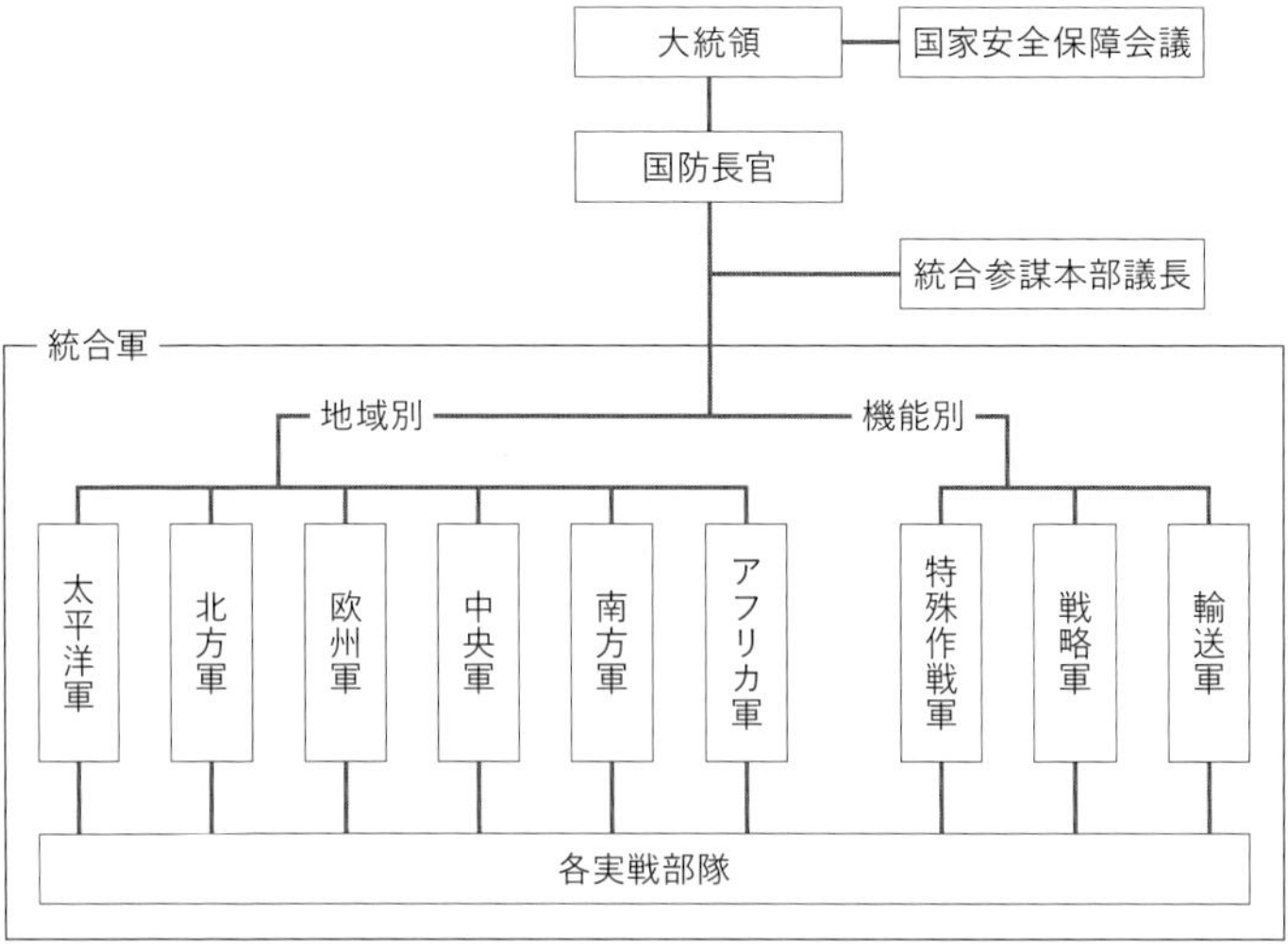

太平洋軍：アジア・太平洋地域を担当
北方軍：北米地域を担当
欧州軍：欧州地域を担当
中央軍：中東地域を担当
南方軍：中南米地域を担当
アフリカ軍：アフリカ地域を担当
特殊作戦軍：特殊作戦を担当
戦略軍：核兵器／宇宙軍／サイバー軍を担当
輸送軍：戦略輸送を担当

含む、ミッションの遂行に効率的な代替策を開発し続けるだろう」という表現が見られる[13]。つまり、GPSなどの宇宙を使ったシステムが失われても軍事に支障がないようにするということである。実際、米空軍はGPSその他の通信がない環境でも作戦遂行ができるよう訓練を行っている。

　サイバースペースについてさらに踏み込んだ表現が見られるのが、翌二〇一一年七月に発表された国防総省の「サイバースペース作戦戦略（Department of Defense Strategy for Operating in

Cyberspace)」である。ここでは戦略的イニシアチブの第一として「国防総省は、サイバースペースの潜在力を最大限に生かせるように、組織化し、訓練し、装備するための作戦領域としてサイバースペースを扱う」としている[14]。この戦略の発表に際し、ウィリアム・J・リン国防副長官は、「サイバー攻撃は、主要国、ならず者国家、あるいはテロリスト・グループを含むものになろうがなかろうが、未来の紛争の主たる要素となるだろう」と述べた[15]。
統合エア・シー・バトル概念に関する議論が続けられる中、空軍と海軍だけでなく、米軍全体の統合を目指す動きの一つとして、二〇一二年一月、国防総省は「統合作戦アクセス概念(Joint Operational Access Concept：JOAC)」と題する文書を公表した。その中で八つ挙げられた指針のうちの最後に、「敵の宇宙・サイバー能力を攻撃する一方で、味方の宇宙・サイバー資産を防護する」という項目が挙げられている。ここでの表現が、新たな作戦領域に関する米国の意思をもっとも詳しく記しているところなので、すこし長くなるが引用しよう。

宇宙とサイバースペースは今や、その他の領域での作戦においてそれらが提供する支援においても、独自の作戦領域としても、すべての統合軍展開に不可欠となっている。前者[宇宙]は、不可欠な位置情報、航行、時間調整、指揮統制、ミサイル警報、気象、インテリジェンス収集を提供する。後者[サイバースペース]は、割合が増大している統合指揮統制とロジスティクス機能を支援する。まさにこうした理由から、接近阻止・領域拒否戦略を採用している敵のほとんどは、軍の展開努力を阻害すべく統合的な宇宙とサイバースペースの作戦を攻撃するだろう。実際、多くの敵は、致命的な戦闘の開始前に、米国が宇宙とサイバースペースを商業的にも政府用にも利用することを妨げようとするかもしれない[16]。

宇宙とサイバースペースは米国の安全保障戦略において、すでに所与の作戦領域に組み込まれ、その防衛が課題となっている。

二〇一三年二月一二日、オバマ大統領は、連邦議会での一般教書演説の直前に、サイバーセキュリティに関する大統領令一三六三六に署名した[17]。この大統領令は重要インフラストラクチャの保護を主眼としたものである。この大統領令の中で明示的に宇宙について触れられている箇所はない。しかし、米国では一八の分野が重要インフラストラクチャとして認定されている[18]。人工衛星など宇宙関連の設備は通信や防衛産業基盤の一角をなしており、当然のことながら保護の対象となる。

3　グローバル・コモンズとしての宇宙とサイバースペース

一方、現実問題として、このような米国政府の認識をそのまま額面通り受け止めることには留保を伴うだろう。

第一に、作戦領域の性質の問題である。正式にサイバースペースを作戦領域の一つとした二〇一〇年のQDRは、「グローバル・コモンズ(global commons)」に言及している。それは、「一国がコントロールはできないが、すべての国が依拠する領域や区域」であるという[19]。しかし、法学者のほとんどは「グローバル・コモンズ」という国際法用語を認めていない。

コモンズは「共有地」と訳されることが多い。しかし、英英辞書の一つ(New Oxford American Dictionary)には、「コミュニティ全体に属したり影響を与えたりする土地や資源(land or resources belonging to or affecting the whole of a community)」とも書いてあり、必ずしも土地だけを意味するわけではない。

コモンズをめぐる議論は、米国の生物学者ギャレット・ハーディンが一九六八年にサイエンス誌に投稿した「コモンズの悲劇」と題する論文から始まった。それによれば、共有地が適切に管理されなければ、それぞれの牧童は自分の家畜にだけ腹一杯牧草を食べさせようと考えるので、牧草の再生産が追いつかず、やがて牧草はすべてなくなってしまうことになる[20]。ただし、共有地の牧草が、家畜の過放牧で荒れてしまうというとき、問題なのは共有地の土地ではなく、共有地に生えている資源としての牧草であるともいえる。

何がグローバル・コモンズなのか、二〇一〇年QDRは明らかに提示していないが、それへの脅威の例示の中にサイバー攻撃や対衛星兵器が含まれていることから、宇宙やサイバースペースはグローバル・コモンズに含まれると考えてよいだろう。

しかし、陸、海、空、宇宙が自然空間であるのに対し、サイバースペースは人工空間であり、併置できるものなのかは疑問である。この点については二〇一〇年QDRも留保を付けており、「サイバースペースは人工的な領域だが、今や、陸、海、空、宇宙という自然に生起している領域と同様に国防総省の活動に重要である」とした上で、脚注においてサイバースペースの独特の特徴について検討していくとしている[21]。

サイバースペースが人工的な空間であるという理解は、それが情報通信端末、通信回線、記憶装置といったさまざまな機器・端末の集積でしかなく、それぞれに所有者がいることを含意する。南極大陸や宇宙空間は何人も所有することができないと決めることによってグローバル・コモンズとしての性質を維持している。しかし、サイバースペースでは、多数の人が分散的に所有する機器が相互接続されているに過ぎない。その点で、きわめて脆弱な領域であるといえるだろう。電力供給がなくなれば数時間で消滅するかもしれず、サイバースペース全体をダウンさせるサイバー攻撃の可能性も指摘されている。

例えば、大量のデブリ(宇宙ゴミ)を発生させることにより、宇宙空間を実質的に利用不能にすることはできるだろう。しかし南極大陸を消滅させたり、全宇宙空間を利用不能にするなどという自然空間の領域破壊は無意味かつ不可能である。それと比較すれば、人工物の集積であるサイバースペースに対する攻撃ははるかに容易である。

そのように考えると、サイバースペースを独立した作戦領域と見ることは適切ではないかもしれない。むしろ、米国が打ち出した各軍の統合運用という意味合いで解釈すれば、むしろサイバースペースは陸、海、空、宇宙といった自然空間のすべてを覆う人工空間であり、各自然空間同士をつなぐものとも言える。エア・シー・バトルを実戦に移す際、空軍と海軍の部隊をつなぐのは情報通信ネットワーク上の指揮統制システムである。それがサイバー攻撃によって不能となれば、作戦行動自体が甚大な影響を受けることになる。

第二に、グローバル・コモンズとしての宇宙やサイバースペースを想定すると、そこでのアクターは国家だけではない。グローバル・コモンズである以上、国家以外の組織や個人もまたそれを使う権利を有するだろう。宇宙空間の開発は、資金と技術という点から従来は国家が独占的に行っていた。しかし今日、民間組織や個人もそれに参入してきており、特に商業衛星の運用は広く行われるようになっている。民間企業による有人宇宙飛行も計画されている。

サイバースペースに関しては、むしろ民間のほうに多大な資金と人材が集まっている。国家ないし政府は技術開発を支援したり、自らそれを行ったりすることもできるが、広く使われるソフトウェアやハードウェアは民間で開発されている部分が大きく、国家の軍隊が独占的に利用できる領域ではない。それ自体、本質的には陸、海、空でも同様のことが言えるが、サイバースペースでの民間の貢献の度合いは、相当な比重を占める。

第三に、技術者コミュニティの存在が問題になる。宇宙やサイバースペースの開発に民間の力が多用されているとして、その担い手たる技術者たちは、国家や政府とは違ったマインドを持っている。技術者たちのコミュニティはグローバルに形成されており、国家のため、政府のために働くことをよしとしない者も多い。国家がそうした技術者たちの領域に介入することは歓迎されていない。にもかかわらず、政府や軍の作戦はそうした技術者たちに依存せざるを得ない。

技術者たちは、長い間、政府の支援から距離を置いてインターネットを発展させてきた。米国ではNSF（全米科学財団）や商務省がインターネットを直接・間接に支援してきたが、技術者たちは政府がインターネットを開発してきたとはまったく考えていない。政府がナショナルな思考を持ち込むことに、グローバルな思考で対抗しようとしている。政府は「グローバル・コモンズなのだから守らなければならない」というが、技術者たちは「グローバル・コモンズなのだから政府は干渉するな」という。

彼らは、ハッカー倫理などと呼ばれる独特の価値観に基づいて判断・行動している。ウィキリークスの事件はそれを端的に示す一例と言えよう。そうした技術者たちのコミュニティと、どのように折り合いを付けるかというのが、今後の政策上、重要な課題となるだろう。

4　海底ケーブルの保護

現在、多くの大学が学内にネットワークを構築し、学生に開放している。デジタルデバイスを駆使し、キャンパスで自由にインターネットにアクセスしている学生たちは、それが無料でありコモンズであるかのように錯覚しているかもしれない。しかし、大学は学内ネットワークを外部のネットワークと接続するためにインターネット・サービス事業者（ＩＳＰ）と交渉し、多くの場合は接続料を払っている。大学のインターネット・サービスは教育研究日的であり、その費用は学費に含まれていると考えるべきだろう。企業でも社内のネットワークをインターネットに繋ぐ際にはＩＳＰと契約しているはずである。大学や企業は自分のネットワークを構築したり、借りたりしている。そこには所有者がおり、それらが相互につながっているのがインターネットである。

国際的なネットワークも同様である。バックボーン（背骨の意）と呼ばれる大容量回線を持つ事業者は、国内に物理的なネットワークを敷設すると同時に、海底ケーブルの敷設に参加することで国際的なネットワークを構築する。一九世紀の海底ケーブルは各国政府や政府系御用会社が単独で敷設することもあったが、近年の海底ケーブルは民間事業者を中心にコンソーシアム（consortium：共同事業体）を形成するなどして、共同出資で敷設する。出資割合に応じた所有権や利用権が与えられ、時には回線容量を貸し借りしながら海底ケーブルは使用される。

陸続きならば陸上のケーブルやマイクロ波を使った無線通信も行われるが、日本のような島国は海底ケーブルに依存せざるを得ない。人工衛星による通信も選択肢だが、通信衛星の帯域（通信できる容量）は現状では限定的であり、費用も高くつく。海底ケーブルが銅線から光ファイバーに転換して以降、日本の国際通信の九五％以上は海底ケーブルを経由しているといわれ、太平洋をまたぐ日米間の通信や、アジア諸国との通信もこれに依存している。

そうなると、海底ケーブルの物理的な防護もまた重要な課題になる。サイバーセキュリティという言葉はソフトウェア的な攻撃をイメージさせるが、サイバー・テロとして具体的な危険性が高いのは、むしろ物理的な破壊である[22]。ソフトウェアの破壊はバックアップさえあれば比較的早く回復できる可能性もあるが、物理的な破壊からの復旧には時間がかかる。

無論、海底ケーブルは冗長性を持って敷設されている。つまり一箇所が切断されても、別のルートに通信トラフィックを回すようになっている。海底ケーブルはいったん切断されると復旧にかなりの手間を要するので、従来はリング状につながれていた。東京と米国西海岸のサンフランシスコをつなぐ場合、ハワイを経由しながら接続する南側の回線と、アラスカ寄りの北側を通る回線の二本を通し、どちらかが切れても当面は通信ができるようになっていた。しかし、近年ではそうしたコストがかかる方式を回避し、例えば、東アジアや東南アジアのようなたくさんの陸揚げ地点が見込まれる海底ケーブルでは「フィッシュボーン」という、魚の背骨とそこから伸びるたくさんの細い小骨のような形状のケーブル接続が行われることもある。

海底ケーブルは、深海底では切れる可能性が少ないため、比較的保護を薄くしたまま海底に置かれている。しかし、漁船が活動する近海では、錨や網でケーブルに損傷を加えられることがあるため、被覆が厚くなっており、特に海岸近くでは砂の中に埋められている。それでも海底ケーブルの切断事故は絶えない。そのため、港湾関係者や漁業組合などには海底ケーブルの場所が通知され、その近辺では操業しないように求められている。通信事業者がそのための経済的補償を行うこともある。

したがって、海底ケーブルの敷設場所や陸揚げ場所を完全な秘密にしておくことは難しい。インターネット上ではおおよその位置が公開されており、オンラインの地図や写真で海底ケーブルの陸揚げ施設とおぼしき建物を特定できる場合もある。さらに言えば、船舶が使うチャート（海図）には海底ケーブルのおおよその敷設位置が示されている。

それらを参照しながらテロリストや敵国が海底ケーブルに物理的な攻撃を加えることも不可能ではない。第一次世界大戦、第二次世界大戦でも海底ケーブルは多くが開戦とともに切断されており、通信への依存が当時の比ではなくなった現代社会ではもっと大きなダメージをもたらすだろう。

二〇〇六年に台湾沖で地震が起きたときには海底ケーブルが破損し、アジアの金融取引に影響が出た。二〇一一年の東北地方太平洋沖地震（東日本大震災）でも複数の海底ケーブルが切断され、関東地方と米国をつなぐ海底ケーブルが危うく失われるところであった。先ほど述べたように海底ケーブルには冗長性があるため、電子メールやウェブ・アクセスにはさして問題ないだろう。しかし、現代の金融取引はミリ(一〇〇〇分の一)秒、ときにはマイクロ(一〇〇万分の一)秒を争っている。複数箇所で海底ケーブルに障害が出れば、大きな混乱は避けられない。それが金融センターとしての東京市場の信用を損ねることになるだろう。

このように海底ケーブルは重要インフラストラクチャとして防護の対象になるべきものの一つであろう。ただ、民主主義体制の国々において、ほとんどの設備は、純粋に民間事業者の保有である。そうすると、第一義的に保護する責任を負うのは民間事業者自身ということになる。経済的利益を争う民間企業にとってはセキュリティもまたコストである。それが失われた際のダメージを熟慮すれば、セキュリティへの投資を単なるコストとは呼び難いが、どれだけ投資すれば完璧なのかといわれれば、そこには明確な計算式は存在しない。本当に来るか、いつ来るか分からない攻撃や妨害のために多大なセキュリティ投資はしにくいのが現状だろう。では、国の責任で守れるかというと、それも原則としては難しい。特定の民間設備を自衛隊が常時防衛するわけにはいかない。

完全に海底ケーブルが切れてしまった場合、人工衛星に通信を迂回させることは可能である。しかし、事態はそれほど簡単ではない。次節では宇宙を巡るサイバーセキュリティについて見ていこう。

5 宇宙のサイバーセキュリティ

サイバーセキュリティという観点から宇宙分野を見ると、そこには大別して二つの問題が生じていることが分かる。一つは人工衛星やミサイルを制御する情報通信システムの乗っ取り・妨害・破壊であり、もう一つは宇宙関連のハイテク技術や機密情報の窃盗である。両者は密接な関係にあることはいうまでもないが、それぞれ違う目的と手法で行われている。

実際、米国のNASAは無数のサイバー攻撃にさらされており、日本では宇宙航空研究開発機構(Japan Aerospace Exploration Agency：JAXA)のコンピュータから情報が盗まれる事件も起きている。韓国では、北朝鮮によるものと考えられるGPSに対するジャミング(電波妨害)が行われるなど、すでに宇宙システムに対するサイバー攻撃は現実のものとなっている。

宇宙に関わる重要なアセット(資産)として、人工衛星、通信システム、地上局の三つを挙げることができるだろう。

人工衛星は、いったん打ち上げてしまうと物理的なアクセスはほとんど不可能である。地上にあるサーバーやパソコンならば物理的にアクセスでき、最悪の事態が起きたとしてもシステムを強制的にシャットダウンしたり、通信回線や電源を切断したりすることもできる。しかし、人工衛星の操作には無線通信を使うしかない。いったん失った制御を取り戻すには多大な困難を伴う恐れがある。二〇〇七年に中国が行った衛星破壊兵器実験で明らかになったように、地上から人工衛星に直接攻撃が加えられる危険性も現実味を帯びてきている。

人工衛星をリモートコントロールするのが通信システムである。これには電波や制御用のプログラムが含まれる。通常、電波は国際電気通信連合（International Telecommunication Union：ITU）のルールに従って各国に配分され、各国のルールに従って割り当てられる。従来は政府審査に基づいて免許が付与されることが多かったが、近年ではオークションも行われている。

電波は容易に越境（スピルオーバー）するために意図的な妨害の対象になる可能性が高い。ジャミングは古典的な技術でありながら、今日においても十分有効である。近年の軍隊が軍事技術における革命（Revolution in Military Affairs：RMA）を経てハイテクに依存し、ネットワーク化されるに及び、GPSに代表される人工衛星からの電波は重要性を増すばかりとなっている。

地上から衛星をコントロールするための地上局設備もまた重要インフラストラクチャの一部を構成する。移動型の基地局も可能だが、人工衛星そのものを操作するにはそれなりのアンテナその他の設備が必要であり、携帯電話端末のような小さな地上局設備というのは難しい。これらが破壊されたり、乗っ取られたりすれば、人工衛星の運用に重大な支障が起きるだろう。地上局内部への物理的なアクセスを阻止することも、サイバーセキュリティの一環である。

ネットワークを介したサイバー攻撃も後を絶たない。一九九八年六月、核実験を強行した直後のインドの原子力研究所のコンピュータに「ミルワーム」というグループが不正に侵入し、ウェブページを改ざんして電子メールを盗み出す事件が起きた。この不正侵入を行った犯人は、英国、オランダ、ニュージーランドに住む一七〜一八歳の若者三人で、NASAや米陸海軍のサーバーを経由していた[23]。

その後も、NASAは「人気のターゲット」として常に攻撃を受け続けている。二〇一一年一〇月には、二〇〇八年六月と一〇月にNASAの地球観測衛星「テラ」が、二〇〇七年一〇月と二〇〇八年七月に地球資源調査衛星「ランドサット七号」が、それぞれ数分から十数分間、中国からとみられるサイバー攻撃を受けていたことが明るみに出た。ノルウェーの地上局を介して行われたこの攻撃では、衛星の制御を乗っ取られたり、データが流出したりする被害には至らなかったものの、大事故につながりかねない事態であった[24]。

多くのサイバー攻撃を受け、それなりの対応をとっていたにもかかわらず、NASAの対応は十分なものとはいえなかった。二〇一二年二月二九日に議会下院科学宇宙技術委員会で証言したNASAのポール・マーチン監察官は、二〇一一年度だけでも高度なサイバー攻撃を四七回受け、そのうち一三回で侵入を許したという。また、カリフォルニア州のジェット推進研究所(Jet Propulsion Laboratory：JPL)では主要システムが中国を発信源とするサイバー攻撃で乗っ取られ、攻撃側が完全にコントロールできる状態に陥った。さらに二〇一一年三月には国際宇宙ステーション(ISS)に命令を送信するプログラムが入ったパソコンを盗まれるなど、二〇〇九〜一一年にかけて四八台のノートパソコンが紛失または盗難に遭ったという[25]。

宇宙航空も扱う米防衛産業の最大手ロッキード・マーチンもサイバー攻撃の対象となった[26]。二〇一一年五月、同社は「深刻かつ執拗な」攻撃を受けたと認めた。しかし、同社は素早く検知し、適切な対応をとったと述べている。この攻撃にはRSA社の暗号システムの端末が用いられ、ロッキード・マーチンのリモート・ログイン用VPN(Virtual Private Network)に対する攻撃が行われていた。実は、ロッキード・マーチンへのサイバー攻撃に先立ってRSA社へのサイバー攻撃が行われており、そこから盗まれた情報がロッキード・マーチン社への攻撃に使われたのではないかと疑われている。

サイバー攻撃を探知したロッキード・マーチンは、在宅勤務を一週間停止し、RSA社の端末を全て取り替え、一三万三〇〇〇人の従業員のネットワーク・パスワードをリセットした。この事件で、ロッキード・マーチンが機密情報を失うことはなかった。それでも同社は、サイバー攻撃への対応に相応のコストを払わなくてはならなかった。無論、知らぬ間に機密情報を盗まれていれば、その被害額は桁違いになったことだろう。そう考えれば安く済んだとみて間違いない。

日本での事例も見てみよう。二〇一一年九月、三菱重工に対してサイバー攻撃が行われ、八〇台のサーバーやパソコンがウイルスに感染した。読売新聞は、防衛・原発関連の情報が抜き取られていた可能性があると報じた。感染したサーバーやパソコンは、本社と八カ所の製造・研究拠点に及ぶ。なかでも愛知県の名古屋誘導推進システム製作所では弾道ミサイルを迎撃する誘導弾や、宇宙開発に欠かせないロケットエンジンの生産拠点であった[27]。

その後の調べで、同様の攻撃が川崎重工などにも行われるなど、感染は確認されていないものの、大規模かつ組織的な攻撃である様子が徐々に明らかになった。一連の攻撃の起点となったのは、防衛装備品メーカーのトップらが役員を務める「日本航空宇宙工業会(SJAC)」で[28]、本丸の三菱重工への足がかりを得るため、セキュリティの弱い関連団体から攻めたことが窺える。

ところがこうした前兆があったにもかかわらず、三菱重工は二〇一二年一一月三〇日、名古屋航空宇宙システム製作所で宇宙関連の情報が入ったパソコン四台がウイルスに感染していたと発表した[29]。前年のサイバー攻撃発覚を受け、三菱重工も相応の対策は講じていたはずである。攻撃側は執拗に攻撃を仕掛けてきているものと推定される。そして、この攻撃は、JAXAへのサイバー攻撃とも連動していたと見ることができる。

米国のNASAと同じく、JAXAもまた「人気のある」サイバー攻撃対象になっている。二〇一二年一月には職員のノートパソコン一台がウイルスに感染して外部に情報が流出した。無人宇宙輸送機「HTV(愛称・こうのとり)」の設計に関するデータや取引先などを含む約一〇〇〇件のメールアドレスなどが流出した可能性があるという。そして、前述の三菱重工へのサイバー攻撃と同時期にあたる二〇一二年一一月三〇日にも職員のパソコン一台がウイルスに感染し、ロケットの機密情報が流出した可能性があると発表された[30]。

二〇一三年二月一九日、ＪＡＸＡがウェブで公表した調査結果の概要によれば、ウイルスは二〇一一年三月一五日に送付された「なりすましメール」によって感染し、当該端末から外部の不正サイトへの通信は、二〇一一年三月一七日から二〇一二年一一月二一日まで行われていたという[31]。

概要では言及されていないが、感染の日付から推測すれば、二〇一一年三月一一日の東北地方太平洋沖地震とそれに伴う津波による被害で混乱しているさなかに送られてきたメールということになる。特に福島第一原発の放射線問題が深刻になっていたときであり、十分な配慮をもってメールを精査する余裕がなかったのだろう。

韓国国防研究院（Korea Institute for Defense Analyses：ＫＩＤＡ）国防獲得研究センターの孫兌鍾《ソンテジョン》研究委員によると、北朝鮮による数度のサイバー攻撃を経験した韓国政府は、サイバー戦における対応能力を高めるため、「国防改革三〇七計画」を決定し、情報本部所属であったサイバー司令部を国防部直轄部隊として編成した。また、二〇〇九年七月に発生した、北朝鮮によるものと考えられるＤＤｏＳ攻撃によって狙われたのは、在韓米軍と米軍指揮部の間の通信だったという[32]。

その北朝鮮は、二〇一二年四月二八日から五月六日にかけて、韓国ソウルの仁川空港と金浦空港の利用を妨害すべく、ＧＰＳのジャミングを行った。北朝鮮は電波妨害用の機器をロシアから購入し、半径一〇〇キロという広範囲にわたってジャミングを行うことができるとされている。北朝鮮は韓国に対し、これまで少なくとも三回のジャミングを行った。幸いこれまで目立った被害は発生していないが、潜在的な脅威は強く認識されている。二〇一二年春のジャミングでは仁川と金浦の両空港を使う五五三機にGPSの不具合が発生し、海上にあった船舶の多くも同様であった[33]。

米軍はすでにGPSのシグナルを喪失した状態でも作戦運用ができるようにする訓練を行っている。しかし、実戦の場で全くGPSが使えない事態になれば、世界の警察を任じ、本土から遠く離れた海外で戦う米軍側に不利が生ずることは否定できない。

6 制御システムのサイバーセキュリティ

宮城県の仙台駅から仙石線の快速電車で一五分のところに多賀城駅がある。多賀城といえば、七二四年に大和朝廷が蝦夷《えみし》を討伐するために築いた城として日本史の教科書に出てくる地名である。多賀城駅は海岸線から二、三キロという位置にあるが、塩釜港に流れ込む砂押川に面していることもあり、二〇一一年三月の東北地方太平洋沖地震に伴う津波が押し寄せ、大きな被害を出した。

その多賀城駅からタクシーで五分のところに「みやぎ復興パーク」が設置されている。さらにその中に「技術研究組合制御システムセキュリティセンター（Control System Security Center：CSSC）」が入っている。経済産業省によれば「技術研究組合」とは、「産業活動において利用される技術に関して、組合員が自らのために共同研究を行う相互扶助組織（非営利共益法人）」である。経済産業省は復興対策の一環としてCSSCを約二〇億円の予算で設置した。一八社が組合員となり、研究者、研究費、設備等を出しあって共同研究を行い、その成果を共同で管理し、組合員相互で活用している。

そもそも「制御システム（control system）」とは何か。コンピュータを使ったシステムは大別して「情報システム（information system）」と制御システムに分けられる。情報システムとはいわゆるデスクワークで使われるもので、電子メールのやりとり、ウェブの閲覧、各種文書の作成、計算といった、われわれが日常的に業務などで行う活動を支援するシステムを指す。

それに対し、制御システムとは、発電所や工場などのプラントの動作を監視・制御するものである。一般の利用者がそれに触れることはなく、専門の事業者がプラント内で使ってきたものである。かつては「作り込みシステム」と呼ばれるものが一般的で、プラントごとに独自のシステムが構築されていたが、近年では個々の制御システムの上に、汎用的な情報システムのインターフェースが載せられることが増えている。専門家にしか分からないコマンド操作ではなく、より使いやすいウインドウズOSなどが採用される。

さらには、外部のネットワークにつながらない独立（スタンドアロン）システムではなく、インターネットに接続されたものも多くなってきた。調査数は二三四と多くないが、二〇〇九年三月の時点で経済産業省が調べたところでは全体の三六・八%がネットワーク接続可能になっていた。そのうち、インターネット接続が四三%、リモートメンテナンス回線接続が五五%となっている。現在でもかなりのシステムが外部ネットワークとつながっていると推測できる[34]。

リスクマネジメントの観点からみれば、ネットワークに接続しないほうが安全なことは言うまでもない。しかし、システムにトラブルが発生したとき、深夜の保守業務に出かけたり、出張中に対応しなければならなかったりすると莫大な手間がかかる。メンテナンスのためにはネットワーク接続がきわめて便利なため、多くのシステムで採用されるに至っている。無論、より専門的な必要性からつながっている場合もあるだろう。

この制御システムにサイバー攻撃が行われたらどうなるか。サイバー攻撃は、通常は政府や企業、さらには個人の情報システムに行われる。標的型電子メール攻撃では、ウイルスを仕込んだ添付ファイルや、不正ダウンロードを促すリンクが送りつけられ、それを開くことでウイルス等に感染する。密かにシステムが乗っ取られたり、情報が抜き取られたりというケースが一般的だろう。

それに対して、制御システムに対する攻撃は、外部から制御システムを不正に操作し、不具合を起こさせたり、破壊したりする。情報システムに対する攻撃も深刻だが、原子力発電所や航空管制システムに問題が起きれば、物理的な破壊や人命に関わる事態につながりかねない。

制御システムを狙ったサイバー攻撃として、これまで最もよく知られているのが、イランの核施設に対する攻撃である[35]。イランは、平和目的と称し、核兵器開発が疑われる施設をナタンズという場所に置いている。イランのマフムード・アフマディーネジャード前大統領は、この施設をメディアに公開するなど、米国やイスラエルに対して挑発的な言動を行っていた。

ところが、この施設に置かれた遠心分離機が不具合を起こすようになった。核開発には大量の遠心分離機が必要になるが、そのうち一〇〇〇台ほどが異常な回転などを見せるようになった。計器は正常値を示しているのに、実際にはうまく作動しない。

不審に思った技術者がパソコンを家に持ち帰り、そのパソコンをインターネットに接続すると、システムに感染していたウイルスがインターネット上に流出してしまった。このウイルスは、ドイツのシーメンス社の制御システムを自動的に探すように設計されており、インターネットの中をさまよい始めた。

二〇一〇年六月頃から報道されはじめたこのウイルスは「スタックスネット(STUXNET)」と名付けられた。これは、イランの核施設の遠心分離機で使われていたシーメンス社の特定の制御システムに対してだけ作動するよう作られたコンピュータ・ウイルスである。普通のコンピュータ・ウイルスはデータサイズが一メガバイトにも達しない小さなものがほとんどである。ところが、スタックスネットは、簡単には解析できないスケールのプログラムになっていた。驚いた技術者たちは、国家の関与を疑うに至った。

疑われた国、つまりイランの核施設にサイバー攻撃を行う理由と能力を持つ国の筆頭として挙げられたのは、イスラエルと米国であった。イスラエルは、イランが核兵器を持てば攻撃対象になる。イスラエル寄りの姿勢で中東の安全保障に関わっているのは米国である。

案の定、二〇一二年六月、米ニューヨーク・タイムズ紙は、スタックスネット攻撃は米国とイスラエルの共同作戦だったと報じた。記事を書いた記者は米国政府からの複数のリークがあったとしているが、オバマ政権は認めていない。一年後の二〇一三年六月の米CNNの報道によれば、リーク元の一人は、米統合参謀本部のジェームズ・カートライト前副議長(元海兵隊大将)だとされている。

スタックスネット攻撃は制御システムの関係者に衝撃を与えた。この事件では人手を介し、USBメモリによってウイルスが送り込まれたといわれている。スパイが持ち込んだのか、あるいは正規の職員が意図せずに持ち込んでしまったのかは分からない。しかし、ネットワークに接続しなければ安全とは言えなくなってしまった。まして、前述のように制御システムのインターフェースには汎用OSが用いられ、外部ネットワークともつながっている。ネットワーク経由の攻撃も可能である。

一連の事件を契機に制御システムのサイバーセキュリティをどうするかが各国で課題となった。ここでも先手を打ったのは米国である。アイダホ州の国立研究所で制御システムのセキュリティを研究し始めた。

日本においてこれに対応しようとするのが、前述のCSSCである。アイダホの施設には、二つのテストベッド（大規模なシステム開発の際に用いられ、実際の運用環境に近い試験が可能なプラットフォーム）しかないが、後発のCSSCには七つものテストベッドが設置されている。①排水・下水プラント、②ビル制御システム、③組立プラント、④火力発電所訓練シミュレータ、⑤ガスプラント、⑥広域制御（スマートシティ）、⑦化学プラントである。

スタックスネットを模したガスプラントのデモンストレーションもある。スタックスネットの場合と同じく片方のモニターには事前に記録された正常なデータが不正に表示され、もう片方のモニターには実際の異常なデータが表示される。騙された監視者は不正なデータを見て異常に気づかないが、制御システムは実際にはガス爆発を引き起こすことになる。

しかし、プラントの爆破を目的とするような攻撃は、物理的な戦争の一環として行われることになるだろう。むしろ可能性が高いのは、じわじわと異常を起こし、原因がよく分からないのに（つまり、攻撃されている事実に気づかず）、工場の歩留まりが悪くなったり、一部のシステムだけが異常を起こしたりする攻撃である。まさにスタックスネットで行われた攻撃である。相手が気づかないように操作するところがポイントである。「じわじわと効く攻撃」が危険なのだとCSSCの関係者たちは指摘している。

スタックスネット攻撃は、実はインテリジェンス活動と密接に関係している。核施設の中でどのような設備や制御システムが使われているのか、そこにアクセスできるのは誰か、どうすればウイルスを送り込むことができるか、こういった点を事前に入念に調べておかなければならないからである。インテリジェンス活動との密接な協力がなければ、こうした攻撃はできない。

逆に、制御システムに対するサイバー攻撃を防ぐ際にもインテリジェンス活動は不可欠である。システムの脆弱性を事前に検知するとともに、アクセスできる従業員の身元チェック、攻撃情報の察知・共有といったことが、これまで以上に厳密に求められる。当然、インテリジェンス機関もこういった攻撃への対応を拡大・深化させていかなければならない。

第6章

サイバーセキュリティと国際政治

1 国連を舞台にした交渉

二〇一一年九月一二日、中国、ロシア、タジキスタン、ウズベキスタンの四カ国は、国連に情報セキュリティ国際行動規範の試案を提出した。この四カ国は、サイバースペースで各国が責任ある行動をとるための国際行動規範を作るべく、国連総会がこれを議論すべきだとしていた。提案を受け取った国連の潘基文事務総長は、これを国連総会の第一委員会に付託した。国連総会の下には六つの専門委員会が設けられており[1]、第一委員会は軍縮・国際安全保障を扱っている。

国連総会第一委員会は四カ国の提案を受けて、一五カ国の代表による政府専門家会合(Group of

Governmental Experts：GGE）を開催し、検討を求めることにした。GGEとは、各国政府の中から特定の専門家を集めた協議グループのことで、これまでも武器貿易条約や宇宙活動などを検討するために招集されたことがある。構成メンバーはGGEの設置提案国や常任理事国などを中心に、地域バランス等を考慮しながら決められる。

サイバースペースに関するGGEが開催されるのは、このときが三回目であった。初めて開催されたのは二〇〇四年から〇五年、第二回目が二〇〇九年から一〇年にかけて行われている。第三回目は二〇一二年から一三年にかけて行われた[2]。その後も二〇一四年に四回目のサイバーGGEがスタートしている。

サイバーGGEを始めるきっかけは、一九九八年の米露首脳会談にさかのぼる。この会談の共同声明において、ロシア側はサイバーセキュリティ（当時は「情報セキュリティ」と呼ばれていた）を大々的に採りあげようとしていた。ところが米国側はこれに乗らず、全一五段落の共同声明のうち、第一四段落目でようやくこの問題が採りあげられた。そこでは、「われわれは、今起こりつつある情報技術革命のポジティブな側面を促進し、ネガティブな側面を軽減する重要性を認識する。それは両国の将来の戦略的安全保障利害を確かなものとする際の重要な挑戦である」として[3]、両国で対話を続けていくテーマと位置づけられた。

当時は米国がクリントン大統領、ロシアがボリス・エリツィン大統領の時代である。ドットコム・

ブームの前夜で、多くの人がまだ電話回線によるダイヤルアップ接続でインターネットを使っていた。米国との協議が不調に終わったロシアは、国連を使って情報セキュリティを議論しようと画策し始めた。
この頃、情報セキュリティをめぐっては、米国を中心とする自由主義諸国と上海協力機構（Shanghai Cooperation Organization：SCO）に参加する国々の間に対立構造が生まれていた。SCOは、一九九六年に成立した上海ファイブ（ロシア、中国、カザフスタン、キルギス、タジキスタン五カ国の首脳会議）を前身に、ウズベキスタンを加えた六カ国による多国間協力組織として二〇〇一年に成立した
ロシアやSCO諸国は情報セキュリティを、インフラストラクチャと情報そのもの（あるいはコンテンツとしての情報）を含む幅広いものとして定義しようとしていたのに対し、米国などは、表現の自由を支持する見地から情報を含むことに反対し、情報セキュリティはインフラストラクチャに限定すべきだと主張していた。
従来のロシアの主張は、近年では中国に引き継がれている。ただし、中国はロシアのようにコンテンツを含めるべきとは直裁には言わない。むしろ、定義の問題は回避しながら、主に二つの主張をしている。第一に、欧米が主張するような民間に任せるインターネット・ガバナンス（Internet governance）ではなく、政府や国際機関がサイバースペースに責任を持つべきであるということ、第二に、サイバースペースは新しい特殊な領域であり、既存の国際法を適用するのではなく、新しい条約等で対応

すべきであるということである。

インターネット・ガバナンスは、政府（ガバメント）による統治とは異なるモデルとして意識されてきた。実際、インターネットは、当初こそ米国政府の支援を受けたものの、後には民間の技術者たちによって開発が進められてきたため、政府による介入を極度に嫌う風潮がある。技術的な問題は、政治ではなく、対話と実際に動く技術によって解決するべきと考えられてきた。

それに対する中露の主張の背後には何があるのだろうか。第一の点については、各国ごとの主権をサイバースペースで認めさせることで、独自の政策判断に基づく規制や介入を可能にしたいということだろう。米国政府やインターネット・ガバナンスを担う技術者たちは、政府はサイバースペースに介入すべきではないといい続けて来た。例えば、米国の政治活動家ジョン・ペリー・バーロウによる一九九六年の「サイバースペース独立宣言」が知られている[4]。これをひっくり返したいというのが中国の第一の狙いである。

第二の点については、従来の国際法が適用されるとなると、言論の自由や通信の秘密などの人権がサイバースペースにも適用されることになり、仮に政府の介入が認められるようになったとしても、検閲や通信傍受がしにくくなる。それを各国の判断として行ったとしても、他国から非難を受けないようにするためには、「サイバースペースは特別であり、既存のルールはそのまま適用されない」という認識を定着させる必要があり、そのためには、欧米主導ではなく、中露が積極的に参加する枠組みにおいて新たな条約等を作る必要がある。これが第二の狙いであろう。

中露にとっては、サイバー攻撃の定義が異なっている。例えば、ソーシャル・メディアでのデマの拡散もまた、サイバー攻撃だと彼らは考える。言論の自由がある国では、誹謗中傷ははばかれるとはいえ、健全な政府批判は保障されている。しかし、権威主義体制の国々では、反政府的な言論もまたサイバー攻撃と見なされる可能性がある。治安の維持、体制の維持こそが重要視されている。

二〇一三年九月の国連総会を前に、八月、第三回GGEの報告書が国連のウェブページで公開された。

交渉に参加した政府関係者によれば、六月の最終交渉は難航したという。大きく分けて議論は、①国際規範、②信頼醸成措置、③能力構築、の三点あった。このうち最もスムーズにまとまったのは能力構築である。つまり、人材育成や技術開発、普及啓発といったことについては異論が出にくい。最も議論が分かれたのが国際規範であり、十分な議論ができずに終わったのが信頼醸成措置（Confidence Building Measures：CBM）である。

このときの交渉では、オーストラリア代表が議長を務めた。一月にスイスのジュネーブで行われた交渉の際、議長が報告書の文案を提出した。この議長案をめぐってさまざまなやりとりが行われた後、各国はこれを持ち帰って議論することになった。

そして、最終案を決めるために六月に一五カ国の代表がニューヨークに集まった。そこで特に問題となったのが、国際規範の構築における既存の国際法の扱いであった。日米欧は結束し、国連憲章を含む既存の国際法がサイバースペースにも適用されるという立場をとった。それに対し、中露は新たな枠組みが必要だとし、前述の二〇一一年の四カ国からの提案をベースに設定しようとした。
しかし、最終日になっても議論は収斂しそうになく、ロシアは比較的柔軟な姿勢を見せたものの、中国はかたくなに既存の国際法の適用に反対し続けた。業を煮やした議長が、決裂も辞さない覚悟で中国代表と談判し、「このまま決裂すれば、各国は中国のせいで決裂したという声明を出すだろう」と指摘し、妥協を迫った。中国代表は、交渉中も電話をかけ続け、おそらく本国と調整を図った。その結果、国際交渉ではよくあることだが、双方にとって都合の良い文言が選ばれることになった。
例を挙げてみよう。

【第一六段落】国家によるICT(情報通信技術)利用にとって重要となる、既存の国際法から導き出される規範の適用は、国際的な平和、安全保障、安定へのリスクを減じるのに不可欠な措置である。(中略)ICTのユニークな特性に鑑みれば、追加的な規範がやがて発展し得る。

既存の国際法は不可欠だとする点で日米欧側の主張を入れながら、他方で「追加的な規範がやがて発展し得る」とすることで、新しい枠組みが必要だとする中露の主張にも配慮している。

【第一九段落】国際法、特に国連憲章は、平和と安定を維持し、オープンで、安全で、平和的で、アクセス可能なICT環境を促進するために適用可能(applicable)であり、不可欠である。


国連憲章というユニバーサルな国際法が適用可能であるとする点で日米欧豪側の主張に近くなっているが、「適用される(applied)」という断定的な表現ではなく、「適用可能(applicable)」という含みを持たせた表現にすることで、中露が納得しやすくしたことになる。

また、信頼醸成措置については、意見交換、諮問枠組の創設、情報共有、コンピュータ緊急事態対策チーム(CERT)間連携、事案協力、法執行協力に言及した。

第三回のサイバーGGEは、一九九〇年代末にロシアが提起し、中国が引き継いだ問題を解決するには至らなかった。むしろ、それについての二つの陣営の対立を確認し、結論を持ち越したと見るべきである。そのため、ロシア政府は二〇一四年に第四回のサイバーGGE開催を提案し、日本政府もこれに参加することになった。

2 サイバースペース会議

二〇一三年一〇月一七、一八日、韓国の首都ソウルに世界八七カ国から一〇〇〇人以上が第三回サイバースペース会議に参加するために集まった。初日の冒頭、韓国の朴槿恵大統領が登場し、ウィリアム・ヘイグ英外相も挨拶をした。日本からは三ツ矢憲生外務副大臣が参加し、各国からも外務大臣やそれに準じる副大臣などが登壇した。

サイバースペース会議は、もともと二〇一一年のロンドンで、英国政府が有志国を集めて開催したのが最初で、第二回目が二〇一二年にハンガリーのブダペストで開かれた。ソウルの会議が第三回目になる。

サイバースペース全般について論じる会議なので、ブロードバンド・アクセス技術の普及やデジタル・デバイド、人材育成・研究開発など様々な問題が論じられたが、メインテーマは、サイバーセキュリティとサイバー犯罪だったといって良い。大臣たちの発言も多くがその点に触れていた。

いくつかのパネル討論が設けられたが、中でも最も注目されたのは「国際安全保障」と題するパネルである。司会は第三章でも紹介したCSISのジェームズ・A・ルイスであった。同パネルには、米国、ロシア、中国、オーストラリア、韓国の代表などが参加した。

司会のルイスは、前節で取り上げた国連総会第一委員会の政府専門家会合（GGE）の調査委員として関わっていたため、必然的に話題はGGE報告書を受け継いだものになった。ルイスは、パネルの冒頭で「GGEはサイバーセキュリティのランドスケープを変え」、そして、元米CIAの職員でNSAによる情報収集活動を暴露したエドワード・スノーデンによって「ダイナミクスが変わった」と指摘した。サイバースペースにおける国際安全保障は、新しい局面に入ったというのである。

そこで、ルイスは、議論を始める前に韓国のインテリジェンス機関である国家情報院（NIS）の幹部である韓基範《ハンギボム》を壇上に上げた。彼は二〇一三年四月に韓国のインテリジェンス機関である国家情報院（NIS）の第一次長（first deputy general manager）に任命されたベテランのインテリジェンス・オフィサーである。北朝鮮の専門家として知られ、サイバーセキュリティと科学情報を担当する第三次長を務めたこともある。二〇〇九年に退官して統一研究院（Korea Institute for National Unification）の研究員や高麗大学の客員教授を務めた後、NISに復帰した[5]。こうした経歴から、韓国でもインテリジェンス機関であるNISがサイバーセキュリティに関わっていることが分かる。

彼は、北朝鮮が数千人という規模の陣容でサイバー攻撃を企図しており、韓国のメディア、金融機関、企業、そして重要インフラストラクチャが狙われているという。しかし、サイバーセキュリティの世界では、攻撃者の特定が難しいため、制裁や抑止が働かない。そこで、国際協力が必要になっていると指摘した。インテリジェンス機関といえども、各国独自の活動だけでは成り立たなくなっていることを示唆したといえよう。

パネル討論に移ると、米国代表のクリストファー・ペインターは、国連GGEの報告書が発表されるなど、二〇一三年は画期的な年だったと評価した。GGE報告書で国連憲章など既存の国際法の適用が確認され、国家はプロキシー（代理人）によるサイバー攻撃を禁じられ、信頼醸成措置によって予測性を高め、エスカレーションを回避するための枠組みの構築に合意することができたという。

ロシアのインターネット大使であるアンドレイ・クルツキフは、一国主義的な対応ではグローバルな問題を解決できず、サイバースペースにおける軍拡競争は安定につながらないと述べた。そして、ロシアや中国は二〇〇九年にSCOで一定の合意を得ており、これを他国もモデルにすべきだと提言した。

中国の国際問題研究所の徐龍第は、GGEの報告書で「国家による責任ある行動」とあるように、「責任ある（responsible）」という言葉が入ったことが重要であると指摘した。そして、サイバースペースにおける国家主権の概念を詰めて行く必要があると論じた。

一通りの議論の後、司会のルイスは、「GGEにおいて各国はマルチステークホルダー・アプローチ（multi-stakeholder approach：政府だけではなく民間企業や市民社会も参加すること）には合意できたが、しかし、軍事面については合意できなかった」とし、どこでこの問題を論じるべきかと問いかけた。中国の徐は、「将来のための議論には国連がベストな場所だ」と答えた。すると、すぐに米国のペインターが反応し、「国連の役割は誇張されている。インターネット・ガバナンスを国家だけが議論できるわけではない。そこにはたくさんの組織が関係している」と指摘した。

ロシアや中国は、国連において、国家主導でサイバーセキュリティの問題を収めようとしている。それに対し、米国や欧州、日本、オーストラリアなどは、これまでのインターネット・ガバナンスの在り方を尊重し、国連だけで議論を進めるのは不適切だと主張する。インターネットないしサイバースペースは、国家による制約のないところで、民間の力で成長してきており、そのガバナンスを崩すべきではないというのである。

結局のところ、新条約による解決を目指す中露と、既存の国際法をサイバースペースにも適用すべきだと主張する日米欧豪の間で、サイバースペースを律するグローバルな法律やルールについて合意できないために、こうした議論が続いている。

既存の国際法の適用に関する試みの一つが、第二章で触れたタリン・マニュアルである[6]。そこには九五個のルールと、その解説が収められている。タリン・マニュアルは、あくまでもNATOのCCDCOE（協調的サイバー研究拠点）が生みだした研究成果の一つに過ぎず、エストニア政府にもNATOにも公式には承認されていない。それでも、サイバー戦争に関する国際法解釈の重要なスタンダードになっている。

しかし、NATOの枠組みの中で作られたため、ロシアや中国などの国々はもちろん承認していない。ある中国の研究者に、タリン・マニュアルについての見解を尋ねたところ、二〇〇一年に締結されたサイバー犯罪条約と同じく、NATOで勝手に作ったものであり、中国が拘束される理由はないとのことだった。中露やその他の国々も一緒になって国連で新しい条約を起案すべきだというのが中露の一貫した主張である。

中露の主張は、SCO諸国を中心に、発展途上国でもそれなりの支持を集めている。世界の多くの国々はインターネットなどのメディアを政府の検閲下に置いており、日米欧豪などが主張する情報の自由な流通ではなく、情報の統制を正当化するような国際条約を欲している。

議論がややねじれているのは、NATOの下で作られたタリン・マニュアルにもかかわらず、例えばルール1やルール2では、国家はサイバースペースにおいてもその領域の中において国家主権を行使できる、としていることである[7]。これはどちらかといえば中露の主張に近い。

無論、どの国もサイバースペース全体に主権を行使することはできない。しかし、何らかの形でサイバースペースにおける領域を主張することができれば、その中での主権行使は可能になる。例えば、日本は島国であり、その国際通信の九五パーセント以上は海底ケーブルに依存している。だとすれば、少なくとも海底ケーブルの陸揚局より内側は、日本の主権の及ぶ範囲として差し支えないだろう[8]。

サイバースペースをデータの所在を基準に考えようとすると途端に難しくなる。クラウドサービスのように、利用者の所在国とデータの所在国が異なるケースなどいくらでもあるからである。しかし、外国人であろうと、外国人の所有する端末であろうと、日本国内にある主体や物体には日本の主権が及ぶ、とすれば、切り分けはさほど難しくはない。外国人が日本国内で罪を犯せば、日本法に基づいて処罰されるのと同じである。

ただし、日米欧などの政府は、サイバースペースにおける自由な情報の流通を重要な価値と考えている。それこそが、一九九〇年代半ば以降、インターネットが多くの人に受け入れられてきた最大の価値であり、それを損なってはいけないと主張している。それゆえに、あえて国連だけで議論をすることを避け、多様なアクターの参加を求めるマルチステークホルダー・アプローチを堅持しようとしている。

スノーデンの暴露の後では、そうした主張がやや白々しく聞こえることも確かだが、米国にとって自由の看板は国是ともいえる。これを簡単に下ろすわけにはいかないだろう。

第四回目のサイバースペース会議が、二〇一五年四月にオランダのハーグで開かれることになった。国際法学者たちの中心地であり、「法律の世界首都」とも呼ばれるハーグで、会議が行われることには象徴的な意味があるだろう。二〇一四年に再開された国連のGGEが、ハーグでのサイバースペース会議までにいかなる結論を得るのか、それとも結論は先送りにされるのか。それが当面の課題となるだろう。

3 サイバースペースにおける信頼醸成措置（CBM）

前節までで見た通り、サイバースペースをめぐる国際的な議論の、もう一つの重要な焦点が信頼醸成措置（CBM）である。しかし、そもそもサイバースペースにおけるCBMとは何なのか、はっきりとした合意を得ることができていない。

冷戦時代、核戦争の脅威は現在よりも差し迫ったものであり、それを少しでも回避するために検討されたのが従来のCBMである。国際政治の本質はアナーキー（anarchy：無政府状態）であり[9]、他国がどのような意図をもって外交政策を立案しているかを推し量るのは難しいからである。そこで、誤解や誤算による衝突やそのエスカレーションを防止するために、軍事演習の事前通告、オブザーバーの交換、大きな軍事移動の事前通告、軍事情報の交換、軍事予算削減、防衛交流、国境付近における非武装地帯の設置、ホットラインの敷設等の措置がとられる[10]。

ウラのCBMともいえるのがインテリジェンス機関によるスパイ活動である。スパイ活動にも幅があるが、秘密工作活動を除き、各種の情報源から敵対国の動向に関する情報収集・分析を行うことは、オモテのCBMと合わせることで、理解を深めることにつながる。

オモテのCBMの実例としてまず挙げられるのが、全欧安全保障協力会議（Conference on Security and Cooperation in Europe：CSCE）による一九七五年のヘルシンキ宣言である。そこでは軍事演習の事前通告やその際のオブザーバーの招聘、軍事代表者の相互訪問が約束された[11]。

また、一九九四年から開始されたASEAN地域フォーラム(ASEAN Regional Forum:ARF)では、年次ごとの安全保障ペーパーの提出、安全保障をはじめとする各種会合の促進を約束している。

こうした経験を持つ研究者や実務経験者がサイバーセキュリティにもCBMを応用すべきだと主張しているが、しかし、実際に何ができるのかはっきりせず、議論は流動化したままである。サイバーセキュリティで用いられるのはソフトウェアだが、ソフトウェアは手で触ることができず、核弾頭のように数えることもできない。プログラムのコード行数を数えてもほとんど意味はないだろう。一般的なウイルスのコード数はそれほど多くない。プログラミングの世界では数少ない行数で目的を果たせるプログラムのほうが優れていると判断される。また、ソフトウェアは簡単に隠すことができ、徹底的に解析しなければプログラムの機能やパターンが有害だと判定することは難しい。敵国が自国のコンピュータ・システムをすべてスキャンして検査することを認める国家はないだろう[12]。

前述のように、CBMは国連GGEの報告書の中で採りあげられ、三つの大きな論点のうち、二つ目となった。該当箇所を抜き書きしてみよう。


自発的な信頼醸成措置は、国家間の信用と確信を促進することができ、予測性を増し、誤認識を減らすことで紛争のリスクを減じるのに役立つ。それらは、国家によるICT利用をめぐる国家の懸念に対処するのに重要な貢献をなし、より重要な国際的安全保障に向けた重要なステップとなり得る。国家は、透明性、予測性、協調を増すのに役立つような実際的な信頼醸成措置の発展を熟考すべきである。それらには以下のものが含まれる。
(a)国家戦略や政策、ベスト・プラクティス、政策決定過程、国際的な協調を改善するために関連する国家組織や措置に関する見解や情報の交換。そのような情報の範囲は提供国によって決められるだろう。この情報は、二国間でも、地域グループにおいても、他の国際的なフォーラムにおいても共有され得る。
(b)国家のICT利用に起因する破壊的なインシデントの防止法や、これらのインシデントがどのように展開し、管理されるかについての国家の検討を洗練するためのワークショップ、セミナー、演習を伴う、信頼醸成のための二国間、地域的、そして多国間な諮問枠組みの創出。
(c)時宜に適った対応、復旧、軽減行動のためのインシデントに関する情報を受理、収集、分析、共有する既存のチャンネルのより効率的な利用、および適切な新しいチャンネルとメカニズムの開発を含む、ICTセキュリティ・インシデントに関する国家間の情報共有の促進。国家は、危機管理のための既存の通信チャンネルを拡張・改善するために、国の連絡先に関する情報を交換すること、そして、早期警戒メカニズムの開発を支援することを検討すべきである。
(d)政治的・政策的なレベルの対話を支援するため、二つの国のコンピュータ緊急事態対策チーム（CERT）間、CERTコミュニティ内、そしてその他のフォーラムにおける情報通信の交換。
（e）ICTを使った産業制御システムに依存するICTや重要インフラストラクチャに影響するようなインシデント対処への協力の増加。これは非国家主体によって実行される破壊に対する国家間のガイドラインやベスト・プラクティスを含み得る。
（f）敵対的な国家行動だと誤解されかねないインシデントを減らすための法執行協力のための改善されたメカニズムは、国際的な安全保障を改善するだろう。
信頼醸成における これらの初期の努力は、実際的な経験を提供し、将来の作業を有益に導くことができる。国家は、アフリカ連合、ASEAN地域フォーラム、欧州連合、アラブ諸国連盟、米州機構、OSCE、上海協力機構などのような地域グループを含め、二国間および多国間でなされる進展を促進し、称賛するべきである。それらの努力を称賛するにあたり、国家と地域の間の相違を考慮に入れながら、国家は、措置の相補性を奨励し、ベスト・プラクティスの普及を促進するべきである。

信頼醸成措置の発展で国家は主導しなくてはならない一方で、これらの作業は民間部門や市民社会の適切な関与からも利益を得ることができるだろう。

ICT開発のペースと脅威の範囲を考慮に入れれば、本会合は、共通の理解を促進し、実際的な協力を増大する必要性があると信じる。この点で、本会合は、二国間、地域的、多国間のフォーラムやその他の国際機関を通じた定期的な対話と同様に、国連の後援の下での広範な参加を伴う定期的な制度化された対話を提言する。


これを見ると、コンピュータ・システムのスキャンなどは念頭に置かれておらず、むしろ、各国家の政策や戦略に関する情報の共有・交換が重視されていることが分かる。

さらに、サイバーセキュリティにおけるCBMについて具体的な検討を行っているのが、スイスのジュネーブに本拠を置くNGO団体で、二〇〇三年にジュネーブで世界情報社会サミット(World Summit on the Information Society：WSIS)が開催されたことを契機に設立されたICT4ピースである。ICT4ピースがソウル・サイバースペース会議で配布した資料には表1のような具体策と、実際の適用例が一覧になっている。サイバーセキュリティのCBMが難しいといってもアイデアを集めればこれだけの措置を挙げることができる。しかし、この表の空欄の多さが示すように、現在進行中のプロセスにおいて議論ないし実行されている方策はほとんどない。まだサイバーCMBは成熟しているとはいえない状況である。

中国は国連GGEには参加したものの、NATOのタリン・マニュアルには参加しておらず、サイバー犯罪条約とともにその内容を受け入れていない。ただし、中国の国家的な方針は必ずしも明らか

表1：サイバーセキュリティのための信頼醸成措置

CBM ＼ 進行中のプロセス	二国間	多国間	複数国間	民間部門の関与	学術研究機関	市民社会
	米露：トラック1	UN/GGE	ロンドン・プロセス（ブダペスト、ソウル含む）	GGE報告書で関与増大	GGE報告書で関与増大	
	米中：トラック1.5	OSCE				
	米中：トラック2	ARF				
透明性措置						
攻撃的なサイバー作戦に関する国家の政策、予算、戦略、ドクトリン、プロセスについての自由な諮問と対話		OSCE				
潜在的な「生命線」および攻撃的なサイバー作戦実施を検討するかもしれない一般的な一連の状況について透明性を与える自由な戦略対話		UN/GGE				
互いの国における機密扱いでない授業への出席に力点を置いた軍事大学の軍人の交換		UN/GGE				
国家の専門用語とそれらの定義の理解を確立することを求める対話		OSCE				
組織的配置に関する完全な透明性を提供するための合意						
共同模擬演習						
指揮命令配置と危機エスカレーション管理に関して多大な透明性を提供するための共同の机上・指揮所演習						
共同脅威評価／脅威モデリング（脅威評価の方法論共有を含む）						
監視演習						
第三者検証演習	米露					
サイバー／ICTセキュリティの脅威対処における良い／効果的な実践の交換						
いずれかの国から生じるマルウェアやその他の悪意のある指標に関するデータの交換						
第三者組織によって監査された、共同サイバー・フォレンジクス・チームの創設						

進行中のプロセス / CBM	二国間	多国間	複数国間	民間部門の関与	学術研究機関	市民社会
攻撃と誤解されるかもしれない応報や国家安全保障上の懸念を惹起し他の領域から生じているように見えるサイバー・インシデントについて問い合わせるためのチャンネルの交換						
遵守指標および透明性監視措置						
病院、原子力発電所、および航空管制システムや銀行部門のようなその他のインフラストラクチャのような、合意された標的セットに対する悪意のある活動の特定可能な禁止						
活動のクラウド・ソーシング、および独立した部外者による報告						
国家による疑いを払拭するためであったとしても行われる、あらゆる疑いをいだかせる活動を調査するための強度サイバー・フォレンジクス・チームの利用						
第三者組織による監視に関する国家間の合意、および当該組織によるランダムな査察に従わせることへの合意						
新しいマルウェアおよびその他の潜在的に有害な能力の共同監視と分析						
ドクトリンと技術的発展に関する共同ワーキンググループの設立						
協調的措置						
語彙集／共通用語の開発／交換		OSCE				
サイバーセキュリティの確保において役割と責任を持つ組織、その構成、業務、定期的に更新された組織内の連絡係についての情報の交換		OSCE				
サイバー／ICTインシデントへの対応における良い／効果的な実践に関する情報の交換		OSCE、UN/GGE				
「破壊的なサイバー攻撃」が何を意味するか、アトリビューション問題、フォレンジクス、早期警戒問題への理解を深めることを企図した交換						
サイバー・インシデントに対応するための共同／共通ガイドラインの開発		GGE（非国家アクターによる破壊に関連して）				

進行中のプロセス ＼ CBM	二国間	多国間	複数国間	民間部門の関与	学術研究機関	市民社会
サイバー・インシデントの管理・対応の知識や技術の発展途上国への移転		UN/GGE				
能力構築（ICT利用、ICTインフラストラクチャ、法的枠組み、CERTについて）		UN/GGE		GGEプロセスの枠組み内で		
サイバー／ICTセキュリティ問題への脅威に関する諮問枠組みの構築		OSCE				
オンラインおよびオフラインの人権保護についての情報の交換						
軍事ドクトリンについての文書／白書の交換		OSCE				
防衛／安全保障研究と学術機関の間の交換						
共同脅威評価（脅威評価のための方法論の共有を含む）						
遵守指標および透明性監視措置						
共同模擬演習						
マルウェア／インシデントその他についてのインテリジェンスの交換（CERTレベルを超えて）						
危機管理のための共同メカニズム（伝統的なホットラインを含む）						
インシデント対応での共同演習（例えば、サイバー犯罪の領域でのボットネットの妥当のラインに沿ったものなど）						
ゼロデイ利用のブラック・マーケットの管理あるいは規制のための共同努力						
共同フォレンジック調査						
第三者検証演習						
コミュニケーションおよび協調的措置						
国家戦略の頒布と同様に、二国間・複数国間・多国間での情報の定期的な交換						
国際フォーラムや諮問会議の参加のための現地訪問の実施からの聴取と学習		OSCE、UN/GGE				
共同評価、共有脅威評価、共同フォレンジック分析						

進行中のプロセス CBM	二国間	多国間	複数国間	民間部門の関与	学術研究機関	市民社会
共同／共通危機管理枠組みの構築（CERTレベルを超える高度なセキュリティ・インシデントのため）		OSCE、UN/GGE				
何よりも必要な情報の共有を認知するための、エスカレーションの場合のコミュニケーション・チャンネル						
一方的な合意の代わりに集合的な合意へと意思決定者を後押しする利害関係者と共同委員会を含むような、国際フォーラムや標準設定機関内の意思決定と協調の共有						
権利擁護の主張の共有						
統計／基準線、計測、報告を開発するアプローチの共有						
市民が懸念を表明し、彼らが求めるサイバーセキュリティの規範に関して提言を行うことを許すグローバルな公共諮問						
今は関係なくとも後に影響するようなCBMの議論に非サイバー強国を含める手段として、すでに特定の課題に戦略を練り上げた国とともに共同するよう招聘						
制約的措置						
サイバー能力の開発と戦術的な警戒・評価能力の開発への障壁を引き上げるような国際的な技術標準に関する合意（攻撃の見込み、主体、重要性にかかわらず）						
国際法とその中核的原理において継承されている制約の固守		OSCE、UN/GGE				
相互の合意によって機能し、危機管理や戦略的安定性のような国際安全保障の利害によって動機づけられる、国際人権法および追加的な制約に合致する国際的な法的義務の遵守を反映した禁止行動の峻別に関する合意						
インターネットの継続性、安全性、安定性を確保するための措置						
共同／共通の危機管理枠組みの構築（CERTレベルを超える高度なセキュリティ・インシデントのため）		OSCE、UN/GGE				
第一撃や報復的攻撃へのインセンティブを除去し、サイバー能力の責任ある使用を促進するための誓約						

進行中のプロセス／CBM	二国間	多国間	複数国間	民間部門の関与	学術研究機関	市民社会
サイバー作戦の一部として標的にされ得るシステムの種類の境界を設定したり制約したりすることへの合意(例えば、第一撃や報復行動のインセンティブを除去したり、サイバー能力の責任ある使用を促進したりする)						
軍が実施するサイバー侵入の性質の制限(例えば、コンピュータ・ネットワーク攻撃に対するコンピュータ・ネットワーク・エクスプロイテーションの行動の制限、敵対意識の停止のための危機コミュニケーションを確保するために、指揮通信主体のような特定の軍事主体を除外するなど)						
第三国でのサイバー攻撃作戦の除外						
危機時における第三国でのサイバー攻撃作戦の除外						
本質的に不安定化させる活動への従事をやめさせたり、信頼と安定を促進する行為を促進させたりすることにより、国際的なICTの安定性を促進する行動的なアプローチを開発する自発的な「責任ある国家の共同体」の構築						
国家を含む他者のために破壊的な活動に従事する代理人(個人、グループ、犯罪組織を含む)の期待を削減するための措置への合意						

出所：http://ict4peace.org/what-next-building-confidence-measures-for-the-cyberspace/
注：表の各項目を筆者が翻訳。一部意訳してある。

ではない。それは、中国国内でのサイバーセキュリティを統轄する組織が十分に整備されていなかったためでもある。中国のサイバーセキュリティ政策については、本章の冒頭で紹介した国連への提案も一つのヒントになるが、もう一つヒントになるのが、二〇一〇年六月に発表された「中国のインターネット状況」と題する白書である。そこには、前文と結語に加えて、以下の六つの項目が挙げられている。

①　インターネットの発展と普及
②　インターネットの幅広い応用
③　公民のインターネットにおける言論の自由保障
④　インターネット管理の基本原則と実践
⑤　インターネットの安全性
⑥　積極的な国際交流と協力

全文の中に「信頼醸成措置（CBM）」に対応する言葉は盛り込まれていないが、「⑥積極的な国際交流と協力」に以下のような記述がある。

中国はインターネット分野の二国間対話交流の仕組みづくりを積極的に推進し、二〇〇七年以降、米国、英国と「中米インターネットフォーラム」と「中英インターネット円卓会議」を相次いで開いた。諸外国のインターネット発展・管理の有益な経験を学び、参考にするため、二〇〇〇年以降、中国政府は前後数十の代表団を組織して、アジア、欧州、北米、南米、アフリカの四〇余カ国を訪問し、関係諸国の成功の経験を中国のインターネット発展・管理の実践に応用している。(中略)各国は平等互恵を基礎に、多形態、多経路、多段階の交流と協力を繰り広げるべきだ。各国政府が二国間交流の仕組みをつくり、インターネットの政策、立法、安全性などの問題について見解、経験とやり方を交換し、平等な話し合いによって意見の食い違いを解決するようにしてもよい。

したがって、前節で紹介したようなICT4ピースが列挙しているCBMも受け入れる余地があると見て良いだろう。実際に何ができるかを実務レベルで詰める段階に入りつつある。

4 サイバー戦争の指針

これまでも触れてきたアトリビューション(属性・帰属)の問題は、サイバーセキュリティをめぐる問題群の中でも、解決困難なものの一つである。冷戦時代には誰が敵なのかが分かりやすかった。自由主義陣営にとって、ソビエト連邦を筆頭とする共産主義諸国が脅威の源泉であった。われわれが「脅威」というとき、そこには脅威の源泉としての敵対勢力が見えており、それを抑止することが安全保障の重要な核となった。

それに対し、「リスク」というとき、その源泉は見えにくいか、まったく見えない場合を指す。自動車事故は、ある一定の確率で誰でも遭う可能性がある。自分で運転していなくても巻き込まれる可能性はある。避けるためには自動車が全く存在しない場所に行くしかない。自動車事故の源泉は、自分の運転ミスかもしれないし、他人のせいかもしれない。あるいは状況的に避けられない事故もあるだろう。リスクの源泉を事前に、完全に抑止することはできない。

サイバー攻撃は、脅威の側面も持つが、どちらかというとリスクの側面が強い。ほとんどの場合は誰かが明白な意図を持ってサイバー攻撃を仕掛けているのだから、脅威と考えるのは間違いではない。しかし、例えばDDoS攻撃においては、コンピュータ・ウイルスに感染した第三者のコンピュータが直接的な攻撃の発信源になる。巻き込まれた方からすれば(セキュリティに落ち度があったとはいえ)事故のようなものである。攻撃のターゲットになったほうも、意図を持って狙われる場合もあれば、たまたま餌食になる場合もある。

サイバー攻撃の主体と客体が国家・政府・軍隊であるならば、それはサイバー戦争と呼んでしかるべきだが、どちらか、あるいは双方が非国家主体であれば、戦争とは言いがたい。犯罪であれば、被害届に基づいて警察が対処する事案になり、テロであれば、インテリジェンス機関がその防止に努めることになる。脅威の源泉となる主体がはっきりしている場合には抑止が成り立ちやすいが、逆の場合は難しい。

だからこそ、サイバーセキュリティにおいてインテリジェンス機関の役割が重要になる。法執行機関がすでに行われた犯罪に対応することを主眼とするのに対し、インテリジェンス機関はその予知と未然防止に眼目を置くからである。いつどこから来るか分からないサイバー攻撃に対処することが、インテリジェンス機関に新たに負わされている役割である。

二〇一二年三月二七日、米議会の軍事委員会の公聴会に招かれたサイバー軍のアレグザンダー司令官は、カール・レビン委員長から中国が行ったサイバー攻撃の事例について質問を受け、インターネット・セキュリティ会社RSAが狙われた事件を挙げた[13]。この事件では、人事関連に偽装したメールが、幹部ではなく一般の社員に送られ、ゼロデイ脆弱性(ソフトウェアにセキュリティ上の脆弱性が発見された際、問題の存在が広く公表される前に、それを悪用して行われる、いわゆるゼロデイアタックに対する脆弱性)に基づくセキュリティーホールが狙われた。

サイバー攻撃に関して攻撃主体を明言すること難しい。このときも、アレグザンダーは中国が行った、とは述べたが、中国「政府」や「人民解放軍」が関与したとは言っていない。仮に明確な証拠があったとしても、それを示すことが自身の解析能力をあらわにしてしまう恐れがあれば、明言しない判断がされることも多い。

さらに問題となるのは、民間と軍との区分、とりわけ、どのような場合に軍が出動できるかという仕切りである。

二〇〇〇年代半ば、サウジアラビア政府と米国のCIAは、イスラム過激派に対するインテリジェンス活動の一環として、彼らが自由に使えるウェブサイトを立ち上げた[14]。いわゆるハニーポット(honey pot)である。蜂蜜を入れたポットに蟻や蜂が集まるように、そうした過激派たちが集まるおとりのウェブサイトを作り、そこから情報を得ようとしたのである。

この作戦はうまくいっていたが、二〇〇八年頃、その情報の分析から米国に対する差し迫った攻撃の可能性が見えて来たため、ウェブサイトを閉鎖すべきだという意見が出てきた。CIAはそこから得られるインテリジェンスのメリットを挙げて存続を主張したが、軍とNSAは閉鎖を求めた。この時も、軍やNSAにそもそも軍事ターゲットではないウェブサイトを閉鎖させる権限があるのかどうか問題になった。もし、この作戦が伝統的な軍事活動だとみなされれば、議会の委員会に通知する必要はない。しかし、これが秘密作戦だとすれば、議会のインテリジェンス委員会のメンバーは報告を受けることになる。

サイバー軍ができる以前、この問題は十分に検討される機会がなかった。議論は続けられてきたも

の の、サイバー軍の設置後も、明確な線引きがされたわけではない。状況は今日においても変わらず、依然として何を基準としてサイバー軍を動かすことができるのか、その時に何ができるのかははっきりしていない。
アレグザンダーは二〇一三年三月一三日の議会下院軍事委員会の公聴会で、国内の問題はＦＢＩが担当し、国外の問題はサイバー軍が対応すると述べている[15]。しかし、国内と国外の問題は、それほど整然と分かれない可能性が高い。そうしたときの仕切りも考えておく必要があるだろう。

第7章 サイバーセキュリティとインテリジェンス

1 セキュリティ・クリアランスと秘密保護

ＧＣＨＱやＮＳＡのようなＳＩＧＩＮＴ機関においては、どうしても秘密の管理が必要になる。そのための制度がセキュリティ・クリアランス（security clearance：機密アクセス許可）である。セキュリティ・クリアランスを取得するには、長大な申請書の提出と、それに伴うプライバシー情報の提供、家族・友人・知人に対する調査などをくぐり抜け、適格であることを証明しなくてはならない［1］。

スノーデンに関する報道が未だ醒めやらぬ二〇一三年九月、米国の首都ワシントンＤＣにある海軍の関連施設で、犯人を含む一三人が死亡する銃乱射事件が起きた。現場で射殺された元海軍予備兵アーロン・アレクシスには、「明らかに多くの警戒すべき兆候があった」にも関わらず、セキュリティ・クリアランスが与えられていた。アレクシスは超低周波の無線によって自分がコントロールされているという妄想にとりつかれていた[2]。

アレクシスがセキュリティ・クリアランスを取得する際に行われた背景調査は、NSAの機密情報を大量に暴露したスノーデンの背景調査を行ったのと同じ民間会社によるものだった。九・一一後の業務拡大に伴い、大量のクリアランス取得申請があり、その審査は民間企業にアウトソースされている。

この二つの事件について、元国防副長官でCSIS所長のジョン・ハムレは、二〇一三年九月一八日付けのワシントン・ポスト紙への寄稿で、セキュリティ・クリアランスのプロセスに問題があり、もっと安全にするための改革が必要だとしている[3]。しかし、セキュリティ・クリアランスそのものが無駄だからやめろという声は出ていない。

米国の連邦議会調査局（Congressional Research Service：CRS）のジェニファー・K・エルシー立法弁護士は、セキュリティ・クリアランスの制度そのものに問題があったのではなく、背景調査を請け負った業者の問題だと見ている[4]。スノーデンの事件はきわめて例外的であり、そのようなことをする人は、通常は背景調査ではじかれ、セキュリティ・クリアランスを取得できない。

しかし、現代の技術革新のペースについて行くには、どうしても技術に長けたギーク（geek：オタク）が必要であり、背景調査をパスできるギークが政府に求められているともいう。米国の政府機関には、職員の能力を一から育てていこうというシステムはほとんどないため、必要があれば能力に応じて中途採用することが多い。高い能力を持ち、背景調査をパスできるほどの人格と愛国心を持つギークを相応の報酬で囲うことが必要になる。
スノーデンは民間企業の職員でありながら、NSA関連の仕事を請け負うためにセキュリティ・クリアランスを得ていた。民間人がセキュリティ・クリアランスを取得することは制度上全く問題ない。必要に応じて取得し、機密情報を共有すると同時に、権限がない人にそれを渡さないよう保護する義務を負う。

このセキュリティ・クリアランスは、実は議会の法律ではなく、大統領令によって規定されている。セキュリティ・クリアランスに関する大統領令は、政権が変わるとマイナーな変更が行われることが多い。現在有効なのは、二〇〇九年一二月にオバマ大統領が出した大統領令一三五二六である。米国では二〇一三年一〇月の時点で官民合わせて約五一〇万人がセキュリティ・クリアランスを得ている[5]。だいたい福岡県の人口と同じくらいの規模である。米国の総人口の一・六％ほどで、首都ワシントンDCではるかに高い割合になるだろう。

ところが、スノーデン事件で見えて来た問題の一つは、最初にセキュリティ・クリアランスを取得した組織を離れても、その有効期限が来るまでは別の組織で働いていても資格が有効だという点である。スノーデンが機密情報を集めたのは、NSAから業務委託を受けていたブーズ・アレン・ハミルトンという会社だが、スノーデンはこの会社に入る前にセキュリティ・クリアランスを得ていた。むしろ、それを得ていたからこそ、高額の報酬で雇われた。

そもそも、セキュリティ・クリアランスは、自動的に機密情報へのアクセスを認めるものではない。業務上の「知る必要（Need to Know）」が提示され、それが認められて初めてアクセスできる。しかし、スノーデンはシステムの管理者権限を持ち、自分でそうしたアクセスをコントロールできた可能性がある。彼の行動を見とがめることができた人はいなかったのだろう。

高校を卒業できなかったスノーデンが一時は年収二〇〇〇万円ほどのインテリジェンスの仕事に就けたのは、彼のコンピュータに関する能力が高く評価されたからである。技術の習得は学歴にとらわれない実力主義の世界への扉を開ける。そして、優秀な技術者をどこでも欲しがっている現状では、セキュリティ・クリアランスのためのチェックはゆるくなりがちである。

九・一一以降、インテリジェンス機関には膨大な予算が流れ込むようになり、ブッシュ政権とオバマ政権は是が非でも次のテロを抑え込むことを至上命題にしてきた。ゆるかった米国の空港セキュリティは次々と高められてきたことは多くの旅行者が知るところだろう。かつては出迎え客や用事のない人でもゲートまで何のチェックもなく入ることができたが、今は搭乗券を持たない人は入れず、入る人は荷物検査と身体検査を受けなくてはならない。連邦政府や州政府の施設に入る際にも検査を要

図4：サイバー軍の求人

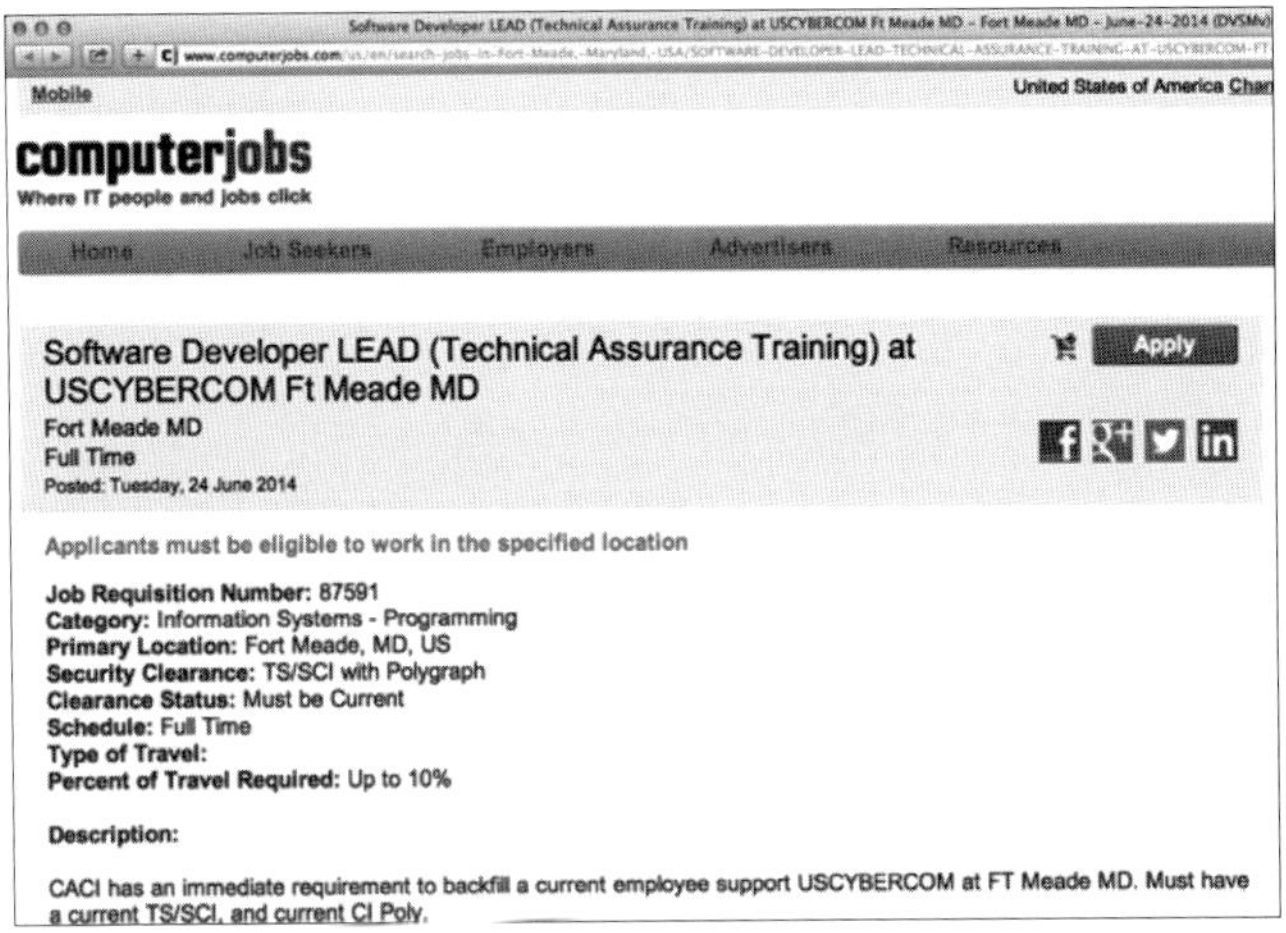

出所：Computer Jobs <http://www.computerjobs.com/DVSMv> June 24, 2014 (accessed on June 25, 2014).

求されることが多い。必要なさそうな場所でも過剰なまでの検査が行われており、九・一一やリーマン・ショックといった経済的打撃に対する雇用対策としてセキュリティ産業はある程度の貢献をしているだろうが、しかし、高度なセキュリティ対策となるとそれを担える人材は少ない。技能さえあれば、スノーデンのような人材でもインテリジェンス機関のシステムの中枢に入っていくことができる。

実際、図4のように、サイバー軍に関連する求人情報が堂々とインターネットに掲載されるようになっている。これは、ワシントンDC近郊のヴァージニア州アーリントン郡に拠点を置くCACIインターナショナルという会社が出した求人広告で、NSAとサイバー軍があるメリーランド州のフォート・ミードでプログラマーを募集している。図4の一番下に見えるように、TS/SCI(Top Secret / Sensitive Compartmented Information)のクリアランスが求められている。このクリアランスがなければ、この仕事には応募できない。クリアランスさえとってしまえば、こうした中枢にも軍人や連邦政府職員以外の人も入り込めることになる。

2 監査体制をめぐる議論

スノーデンの問題が明らかになってから議論されてきたもう一つのポイントは、インテリジェンス活動の監査体制が時代遅れになっているという点である。スノーデンの言葉を信じれば、スノーデンが問題を暴露したのは、NSAの活動が行き過ぎに思えたからである。

インテリジェンス活動はどんどんデジタル化され、急激に進歩しているのに対し、監視活動を監査する体制は、二〇世紀の委員会方式からどの国も脱していない。立法府である議会の中に情報(インテリジェンス)委員会などが設置され、行政府の監視活動を政治家が監査し、行き過ぎを止める。あるいは、司法府が訴訟や令状のチェックなどを通じて行きすぎを止めるというのが現行の監査体制である。

権威主義体制の国々ではそうした制度すらなく、野放しになっていることが多い。

多くの場合、政治家や裁判官の多くは最新の技術を理解していない。英国ケンブリッジ大学のジム・ノートン教授は、「政府の中で地位が高くなればなるほど、技術の理解度が下がる」という「ノートンの法則」を英国の防衛関連会議で披露したという〔6〕。技術の進歩に対応した監査体制を構築できるかどうかは喫緊の課題である。

監査体制が時代遅れという指摘に対し、ワシントンDCの公益団体である民主主義と技術センター（CDT）のグレッグ・ノージャイム主席弁護士は、「技術が分かっているからといって、ティーンエイジャーが監査できるだろうか。〔通信傍受には〕裁判所の令状が一番だと思う。改革すべきは、問題が起きたときの公判において両方の意見をよく聞くことだ」という〔7〕。議会の委員会も、結局は秘密クラブ的になってしまっており、委員会のメンバー以外の議員がチェックすることはできない。九・一一後に成立した悪名高い「愛国者法」は、プライバシー団体から批判を受けているのに、三度も期限延長を議会で認められている。現行の監査制度の中でも改革できることがあるというわけである。

米国では、スノーデン問題が起きるずっと前、ブッシュ政権時代にさかのぼる二〇〇四年に、議会によって「プライバシーと市民的自由監査委員会（Privacy and Civil Liberties Oversight Board）」が設置された。この委員会は二〇〇一年の対米同時多発テロを調査した際の提言に基づいており、頭文字をとって「PCLOB（Pクロブ）」と呼ばれている。

Pクロブの五人の委員は大統領によって指名される。その委員の一人にCDTのジム・デンプシー副所長が就任している。デンプシーによれば、五人の委員は、セキュリティ・クリアランスをとり、機密情報の内容と監視手法を両方検討しながら、プライバシー侵害が起きていないかを監査している。同委員会は行政府の中にありながら、しかし、独立的な立場をとり、バランスをとろうとしている。

デンプシーがオバマ大統領から指名を受けたのは二〇一〇年である。本来なら二〇一一年から五年間の任期があるはずだった。ところが、議会から承認を得るのに二年かかってしまったため、彼の任期は実質三年で終わってしまうという。デンプシーがようやく議会での承認プロセスを終えたのは、皮肉にもスノーデンが情報を暴露する一ヵ月前の二〇一三年五月だった。デンプシーを含むPクロブは急いでその対応を進めている[8]。

Pクロブは、立法府と司法府による行政府の監査に加えて、第三の監査機関と考えることができるだろう。より多くの目にさらすことで監視の目を充実させることになる。その際にもセキュリティ・クリアランスが重要な役割を果たす。

スノーデン問題に対する批判を受け、オバマ大統領は二〇一三年八月、インテリジェンスと通信技術に関するレビュー・グループ(Review Group on Intelligence and Communications Technologies)の設置をクラッパー国家情報長官に命じた。メンバーには、ブッシュ政権時のホワイトハウスにいたリチャード・クラーク(大統領特別顧問)、CIA副長官だったマイケル・モレル、シカゴ大学法学部教授のジェフリー・ストーン、インターネットをめぐる法律問題の専門家として知られるハーバード大学教授のキャス・サンスティーン、国際法の専門家として知られるジョージア工科大学教授のピーター・スワイアが選ばれた。彼らは九月四日から一〇月四日までの一カ月間、一般からのコメントを受け付け、一二月にグループとしての報告書を発表している[9]。報告書は付録も含めて三〇〇ページを超え、四六項目もの提言が並べられている。

二〇一三年一二月、NSAによる米国内の電話通信記録などのデータ収集について、ワシントン連邦地裁のリチャード・J・レオン判事は、この活動は米国憲法に反するとの判断を下した[10]。この判断は一時的なものであり、控訴審のために、即座にNSAの活動が止められることはなかった。それでも、オバマ政権に不利な司法判断が示されたことはそれなりの意味をもつ。政権側に不利な判断が示された理由は、NSAの情報収集が実際にテロ攻撃の阻止につながった具体例を一件も提示していない点にあるとした。

こうした動きを受けて、年が明けた二〇一四年一月、オバマ大統領はNSAによる情報収集の改革案を発表した[11]。それによれば、政府が直接大量のデータを保有するのではなく、通話の大量メタデータを収集する能力を維持する方法へ移行することになった。どの機関がメタデータを保存するかについては未定だが、インテリジェンス機関がデータベースにアクセスするには事前に裁判所の承認を得ることになった。

3 特定秘密保護法と日本

二〇一三年一二月、日本政府は、「特定秘密の保護に関する法律案」、いわゆる「秘密保護法」を成立させた。

この法案に対しては、政府が何でもかんでも秘密にしてしまい、国民の知る権利が阻害されるのではないか、メディアによる取材の自由が制限されるのではないか、セキュリティ・クリアランスを取得する人のプライバシーが侵害されるのではないか、背景調査を拒否した職員は出世ルートから外されてしまうのではないか、といった多様な反対が寄せられた。

秘密保護法は、政府の情報を隠すために作るのではない。むしろ、政府が保有する機密情報が、むやみやたらと漏洩されるのを防ぐための法律である。こうした法律がないために、日本は国際社会で信頼を得ることができていなかった。例えば、九・一一直後には、米国国務省が同盟国日本だからと共有してくれた極秘情報を外相がテレビの前で話してしまう事件が起きた[12]。しかし、これで外相が責任を問われることはなかった。あるいは米国製のイージス艦に関する機密技術情報が海上自衛隊から漏洩するという事件もあった。そうしたことの積み重ねが響き、これまで、外国政府が安全保障や外交に関連する機密情報を日本政府と共有したいと思っても、日本政府がそれを適切に保護できないと見なされ、共有してもらえないことが少なからずあった。

打ち明けられた秘密を第三者にぺらぺらと話す人が信用されないのと同じように、秘密を守れない国は信用されず、いざという時に重要なインテリジェンスを共有してもらえなくなる。この法律は、あらゆる情報を秘密として保護するのではなく、「特定秘密」の保護が目的にもかかわらず、その秘密が拡大解釈されるという不幸な道筋を辿った。

サイバーセキュリティになぜこの法律が欠かせないのか。日本政府と外国政府、特にインテリジェンス機関同士でサイバー攻撃に関する情報を共有する際、その分析結果と分析手法、そして情報源を守るためである。サイバー攻撃にはアトリビューション問題が伴う。誰が真の攻撃者なのかを特定するためには、各インテリジェンス機関が持つ情報をつきあわせて分析することが有効である。攻撃者の多くは、シグニチャ（signature）と呼ばれる独特の痕跡を残すことが多い。攻撃者の特定につながるような情報、例えば、ウイルスに残された特定の自然言語に基づく特徴や、コードの使い回し、ミスなどである。われわれが文章を書く際、そこに個性が表れるように、プログラムにも個性が表れる。それをつきあわせることで同一犯によるものなのか、どれくらいの規模で行われているサイバー攻撃なのかを含めて、攻撃者へとつながる手がかりが得られる。しかし、そうした情報が外に出てしまえば、攻撃者を利することになるとともに、こちらの手の内を明かしたり、情報源に危険が迫ったりすることもある。秘密を守れない人に秘密を渡すことはできない。

今では米英両国の協力関係は自明のように見える。しかし、第二次世界大戦中には、両国間の信頼関係は十分ではなく、互いが疑心暗鬼になってインテリジェンスの共有はスムーズに行われていなかった[13]。第二次世界大戦をともに戦い、一九四六年のBRUSA協定（後のUKUSA協定）、一九五六年の新UKUSA協定などを通じて信頼関係を積み上げてきた。一朝一夕でインテリジェンスの信頼関係は築けない。

こうした法律を作る際には、プライバシーなど、人権とのバランスを制度的に考えなくてはならないことはいうまでもない。その上で、現代の情報がデジタル化され、簡単に複製、頒布できる可能性を想定しておく必要がある。

米国のように五一〇万もの人がセキュリティ・クリアランスを得ていても、漏洩する人は数人である。ただし、そのうちのたった一人でもスノーデンのような人間が現れれば、被害は甚大なものとなる。

4　サイバーセキュリティへの日本の対応

二〇一三年五月二一日、総理大臣官邸二階小ホールで開かれた高度情報通信ネットワーク社会推進戦略本部の情報セキュリティ政策会議に、安倍晋三首相が出席した。同会議は本来、官房長官が議長を務め、首相の出席は求められていない。しかし、この日の会議では、三年ぶり（前回の二〇一〇年は民主党政権下）となる新しいサイバーセキュリティに関する戦略案が議論されることになっていた。首相はそこで次のように挨拶している。

昨今、「サイバー攻撃」が現実のものとなり、国家や重要インフラはもとより、広く国民がその脅威にさらされるようになった。今後、この脅威が一層深刻化すると見込まれる中にあって、「国家の安全保障」や「危機管理」の観点からは勿論、「国民生活の安定」と「経済の発展」のために、速やかに、かつ、強力に対応していく必要があると認識している。


サイバーセキュリティはもはや、単なる技術的問題ではない。二〇一二年末には、日本のインターネット利用者数は九六五二万人、人口普及率で七九・五％に達している。携帯電話・PHSに至っては、契約台数は約一億四一一二万、普及率は一一〇・二％となっている。二台持っている人が少なくないとしても、子供を除くほとんどの人が使っているといって良いだろう。インターネットや携帯電話といった情報通信技術は、日本社会を支える重要なインフラストラクチャになっている。それと同時に、日本でも二〇一一年のソニーや三菱重工に対するサイバー攻撃など、省庁や国会、大学、企業、NGO、個人のセキュリティが脅威にさらされ、国家の安全保障、国民生活や経済にまで影響するようになっている。

「サイバー攻撃」が従来の安全保障概念と照らし合わせて「攻撃」といえるかどうかは検討の余地が

ある。直接的な死傷者の発生や物理的な破壊につながるようなサイバー攻撃はほとんど行われていない。しかし、将来においてもそうであるとは限らない。本書を通じて紹介してきたように、米国のパネッタ元国防長官は繰り返し「サイバー真珠湾攻撃」の可能性を指摘し、米国をはじめとするいくつかの国ではサイバー軍が設置され、国連でも安全保障問題としてサイバーセキュリティが議論されるようになっている。

日米同盟という文脈でも、サイバーセキュリティにおける協力の拡大が求められている。二〇一三年五月には日米サイバー対話が東京で開催され、両国政府の関係機関が一同に揃って問題意識の共有を行った。東アジアはサイバー攻撃の頻発地の一つであり、その影響はグローバルに及んでいる。

日本の新しいサイバーセキュリティ戦略は、日本政府の取り組みを一歩進めるためのものである。二〇〇五年に内閣官房情報セキュリティセンター（National Information Security Center：NISC）と情報セキュリティ政策会議が設置されて以来、日本政府は現行法制下で可能な施策を積み上げてきた。しかし、日本を守るとともに、グローバルなサイバースペースの安全に貢献するためには、立法や法改正を含めたいっそうの取り組みが必要になっている。

これまで本書では、スノーデン事件のインパクトを検討するとともに、近年のサイバー攻撃の脅威の高まりを受け、米国、英国においてインテリジェンス機関がどのような役割を果たしているか、そしてそれらがグローバルにどう議論されているかを見てきた。インテリジェンス機関の性質故に、その活動の全容は詳らかになってはいない。公開情報で接近できる範囲はきわめて限られている。

それでもサイバーセキュリティ政策において、インテリジェンス機関が不可欠の役割を果たしていることは明らかである。米国においては、NSAが中心的な役割を担い、その長官は軍のサイバー軍の司令官も兼任している。サイバーセキュリティの要の役割を果たしているといえるだろう。英国においてはGCHQを中心とした体制が整備されており、米国のNSA他と密接な協力関係を維持しながら、通信傍受等の対応をとっている。

こうした米英の対応を見れば、日本でもインテリジェンス機関がサイバーセキュリティ政策において積極的・中心的な役割を果たすべきだろう。なぜなら、諸外国のインテリジェンス機関と情報共有を行うカウンターパートは、インテリジェンス機関同士のほうがはるかに容易だからである。さらに言えば、すでに行われた犯罪を捜査するだけではなく、大きな被害をもたらすサイバー攻撃を未然に探知し、抑制することが必要だからである。犯罪の捜査を法執行機関が行うことはもちろん必要である。それと同時に、安全保障という視点からサイバーセキュリティを捉えれば、攻撃させないのが最善の策である。そのためには可能な限り脅威を取り除き、リスクに備える策を採らなくてはならない。サイバー攻撃を受けてからの事後対処だけでは不十分である。しかしながら、日本でサイバーセキュリティを担当する主要機関である内閣官房情報セキュリティセンター（NISC）はインテリジェンス機関として位置づけられていない（内閣官房情報セキュリティセンターは二〇一五年になって、内閣サイバーセキュリティ・センターに改称された）。

二〇一四年の通常国会（第一八六回）にサイバーセキュリティ基本法案が提出された。同法案は衆議院を通過したものの、参議院では継続審議となってしまった。二〇一四年の臨時国会（第一八七回）でもう一度審議され、一一月六日に成立した。これによって既存の情報セキュリティ政策会議を格上げし、法的根拠を固め、権限を強化したサイバーセキュリティ戦略本部にすることなどが決まった。

こうした組織的問題に加え、諸外国の事例を参照すれば、少なくとも四つの今後の課題が指摘できるだろう。

第一に、通信の秘密と通信傍受である。特に米英でサイバーセキュリティ政策の中心的な役割を担ってきたのは、伝統的にＳＩＧＩＮＴを担ってきたＮＳＡとＧＣＨＱであった。これらの機関は電信・電話といったアナログ時代からノウハウを積み上げてきたが、デジタル時代にも対応している。

しかしながら、日本では通信の秘密が憲法第二一条と電気通信事業法第四条によって厳格に守られている。諸外国では安全保障・治安目的での通信傍受が広く行われているが、日本では組織犯罪などの法執行目的に限定されており、実質的にサイバーセキュリティ対策としての通信傍受が行えていない。

ＮＳＡやＧＣＨＱに対応する全政府レベルのＳＩＧＩＮＴ機関が存在しない日本では、防衛省のインテリジェンス部門である情報本部など、高度な技術を持っている機関があるにしても、誰がそれを指示・実行するのかという法制度的な問題が立ちはだかる。防衛省の他、内閣情報調査室、警察庁などが候補として考えられるが、新たな組織の創設が必要になるかもしれない。

現代のデジタル通信技術においては、通信事業者の協力も必要になる。通信事業者の免責範囲を確定しなければ、その協力を受けることは難しい。通信事業者の中でも、現状ではサイバー脅威に十分対応できないとして、通信の秘密の見直しに前向きな機運も出てきている。

さらには、通信傍受活動の行き過ぎを監督する組織も必要である。究極的には国会の中にインテリジェンス委員会を設置し、行政府の活動を監督・監視する制度を作らなければならない。現状でも犯罪捜査のための通信傍受に関する法律があるため、法執行目的の通信傍受は行われているが、年間二〇件程度、それも麻薬取引等に関する携帯電話の傍受にとどまっており、サイバー攻撃の抑制のためには使われていない。

第二の課題は、機密の保全である。二〇一〇年の尖閣諸島沖での日本の海上保安庁の巡視船と中国の漁船との衝突事故を記録したビデオテープが流出する事件があった。このテープは事前に機密情報として定義されていなかったため、流出させた海上保安官はほどなく特定されたものの、その取り扱いに困ることになった。

この問題の本質は、政府の業務において、何が機密であり、何がそうでないかが必ずしも厳密に定義されていないことにある。無論、すでに機密情報区分が採用されてはいたが、それがすべての省庁で統一的、かつ厳密に採用されているわけではなく、それに違反した場合の罰則も設けられていなかった。公務員には国家公務員法などの下で守秘義務が課されているが、国家公務員法の罰則規定は五〇万円の罰金ないし一年以下の懲役であり、事の重大さに比べて軽いと言わざるを得なかった。まして政治家が情報を漏らすことにほとんど制約は設けられていない。情報を政争の具に用いる癖のある日本の政治家は、職業的に情報漏洩を行い易い傾向があった。そのため官僚も、政治家に何かを伝えて漏らされるよりは、何も伝えないでおこうという志向になっていた。

そうした事態に終止符を打つための施策が、前述の特定秘密保護法だった。諸外国の制度と互換性のある機密保全制度を保持しなければ、そもそも機密保全などできない。そして、サイバーセキュリティという文脈では、どの情報をサイバー攻撃から守るべきかという優先順位付けができないということになる。法案成立に伴い、関連制度の整備が進められているが、秘密を守れる国としての日本の信頼が問われている。

第三の課題は、機密保全と密接に関係するセキュリティ・クリアランスである。第一次安倍政権下の二〇〇七年、「カウンターインテリジェンス機能の強化に関する基本方針」が出され、一部の省庁ではセキュリティ・クリアランスの導入・拡充が進んでいる。さらに、二〇一三年六月に打ち出された政府のサイバーセキュリティに関する新戦略でもカウンターインテリジェンスの拡充が盛り込まれた。しかし、これをさらに民間にまで広げ、例えば重要インフラストラクチャ事業者ともインテリジェンスの共有を行える制度を作らなければ、サイバーセキュリティ対策としては十分でない。

このセキュリティ・クリアランスの整備は、諸外国との情報共有にも大きく貢献する。諸外国のインテリジェンス機関が、日本のセキュリティ・クリアランス制度の不備によって、情報共有に躊躇してしまう例がこれまでも散見される。国全体での国際協力、あるいはインテリジェンス機関同士の国際協力という観点からもセキュリティ・クリアランスの拡充は不可避である。

第四の課題は、内部告発者の保護制度だろう。これまでもこの問題は識者によって指摘され、改善が求められてきた。秘密の保護と内部告発制度は表裏一体である。すべてが秘密になってしまうことに対して、少なくとも業務に直接携わる人は、それが適切かどうかを判断する材料を持つ。その人たちが自らの判断において不適切だと感じたり、不法だと判断したりすれば、それを適切に告発し、その後に不当な扱いを受けないようにしておくことは、民主主義的な制度の中で不可欠である。スノーデンは米国の制度が不十分で、内部告発者を厳しく罰するオバマ政権の態度を見て国外へ逃げた。そうした状態が健全でないことはいうまでもない。

日本では幸いにも、深刻な被害につながるサイバー攻撃はまだ起きていない。しかし、国会議員や防衛産業を狙った標的型電子メール攻撃のように、政府や企業から情報を盗み取ろうとするサイバー攻撃は日常的に発生している。報道されているものは氷山の一角に過ぎず、広範な被害が起きているのが実態である。一度狙われたら避けことは困難ともいえるだろう。

さらに注意すべきは、偶発的なサイバー攻撃が起きたり、相手国の意図を誤解することによって紛争がエスカレートし、より危機的状況を招来することである。本書の第六章では、国際社会においてどのような議論が行われているかを紹介するとともに、特にCBM(信頼醸成措置)に注目した。冷戦時代のCBMとは違い、サイバーセキュリティにおけるCBMはまだ概念も固まっておらず、実施されているものも少ない。しかし、多くのアイデアは出てきており、実施可能性を検討しながら、各国間の協力を模索することになるだろう。

サイバーセキュリティにおいては、被害が顕在化してからでは対応は遅く、むしろインテリジェンス機関による予測的、探索的対応の必要性は今後ますます高まるだろう。インテリジェンス機関の役割が小さくなることはない。日本がビッグデータを活用できるのかも検討の余地が大きい。プライバシー保護との兼ね合いは、今後も課題であり続ける。

今後の日米関係を見通したとき、新たな協力関係を発展させられる領域としてサイバーセキュリティがある。しかし、その際に重要なのはインテリジェンス機関同士の協力である。米国は、図らずもスノーデンの情報暴露が明らかにしたように、強力なサイバー能力を持ち、インテリジェンス機関であるNSAと軍のサイバー軍が強力に連携をしている。しかし日本では、二〇一四年三月にサイバー防衛隊が設置されたものの、規模は九〇人ほどにとどまり、インテリジェンス機関との連携もはっきりしない。防衛省の情報本部は高いSIGINT能力を持つとされているが、従来の電波だけでなく、サイバースペースにおいても高い能力を持つかどうかは今のところ不明である。

サイバーセキュリティについて常に指摘されるのは情報共有である。具体的にはシグニチャであり、インテリジェンスの手法によって獲得されることが多い。そうすると、米国側から与えられるシグニチャを日本側は適切に受け入れ、分析、保護する体制を整えるとともに、そうしたシグニチャをはじめとするインテリジェンスの素材を独自に収集・提供できるかどうかが鍵となる。日米それぞれが収集能力を高め、生の情報やインテリジェンスを共有できれば、サイバー攻撃の主体を特定・抑止することにつながる。

米国はいうまでもなく、日本においても通信傍受や監視は大きな抵抗を伴う。そのための改革が民主的な手続きの下で行われなければならないことはいうまでもない。しかし、国民の生命・財産をサイバー攻撃から守るためには、現状では不十分であり、上述したような改革が求められる。

5　民主主義体制は生き残れるか

日本の代表的なインテリジェンス機関である内閣情報調査室（内調）の元室長だった大森義夫は、インテリジェンスを毒に例えている。「毒があるから解毒作用が起きる。両作用の拮抗で生命体は活力を持つ。医療関係者に限らず企業エクゼクティブも教育関係者も同意いただけると思う。戦後の我が国は子供の世界からも大人の世界からも『毒』を除き過ぎたために、のっぺらとした虚弱な体質になってしまったのではないか」[14]。そして、「当局の行う通信傍受などのインテリジェンス活動はプライバシー侵害の恐れのある『毒』である。ただし必要な毒だから国民はこれを直視して、解毒の社会装置を構築しておくべきなのである」[15]と続ける。

スノーデンの暴露は、この毒に米国政府がどっぷりと浸かり、中毒にさえなっているのではないかという痛切な告発だった。米国のインテリジェンス機関がバランス感覚を失い、安易に毒を用い過ぎたのではないかとの指摘には覆いがたい事実の側面があろう。社会的解毒装置としての監査は機能しなかった。スノーデンの機密暴露によるダメージは大きく、米国と英国の関係者は怒り、国外へ逃亡したスノーデンはモスクワで事実上とらわれの身となっている。

何が「正しい」のかは簡単には決められない。米国民がどう判断するかによるだろう。スノーデンは、機密を勝手に持ち出したという点では法に触れたはずである。しかし、それが本来的な意味でスパイ活動の一環だったのかどうかは現段階では分からない。そして、スノーデンが主張するように米国政府のインテリジェンス活動が米国憲法に反することであったとすれば、その告発内容に耳を傾ける必要もあるだろう。将来的にスノーデンについての裁判が行われるにしても、答えが出るまでには、相当の時間がかかることは間違いない。

オバマ大統領はスノーデンの告発を全面的に受け入れることはできない。それは自らの命令で行ったNSAの活動を否定することになり、引いては自分の判断が誤っていたことを認めることになる。下手をすれば辞任や弾劾を求める動きにもなりかねない。

スノーデン事件は、米国や英国だけでなく、日本を含む民主主義体制の国々全般に、インテリジェンスとは何なのかを考える機会を提供した。嘘もだましも不意打ちもない平和な世界であれば、インテリジェンス活動は不要であり、インテリジェンス機関は廃止されて良いはずである。実際、冷戦が終わってまもなく、米英でもインテリジェンス機関は不遇の時代を迎えた。九・一一が起きる直前、NSAの長官マイケル・ヘイデンのところに、NSA職員有志から改革提言が届けられた。NSAを企業にたとえ、「NSAは、株主や顧客の信頼を失い、情報時代に対応するための組織改革を怠った」というのが彼らの危機感だった[16]。ここで顧客とは、インテリジェンスの注文を出す大統領などの政府首脳のことを指している。クリントン大統領はあからさまにインテリジェンス機関を軽視したし、九・一一前のブッシュ大統領はインテリジェンス機関そのものに関心を持っていなかった。自分の信頼できる人物をCIAの長官に据えるという、歴代の大統領が誰しも関心を寄せてきた当たり前の人事を怠り、クリントン政権時代のジョージ・テネット長官をそのまま留任させていた。民主党から共和党への政権交代であったことを考え合わせても異常な人事だろう。

しかし、九・一一は全てを変えた。ブッシュ大統領はインテリジェンスに目覚める。後にイラクの大量破壊兵器保有に関するテネットの言葉「スラム・ダンク（確実です）」を信じて二〇〇三年にはイラク戦争を始める。ヘイデンのＮＳＡには法律で求められた令状をとらずに大規模な通信傍受を認めた。テロ対策の名の下に一三機関だったインテリジェンス機関は一六機関に増え、その中で巨大な国土安全保障省（ＤＨＳ）が誕生した。膨大な予算がつぎ込まれ、各インテリジェンス機関は人手が足りず、いいかげんな審査をくぐり抜けてセキュリティ・クリアランスを取得した人材を雇い入れる。

それでも、五一〇万人以上いる米国のセキュリティ・クリアランス取得者の中で、内部告発に踏み切った人間はほんの数人にとどまっている。英国でも同様である。メディアに名前が出てしまった彼らは、インテリジェンス機関でのキャリアを失っている。毒をうまく扱えていない、としか言いようがない。

国家がインテリジェンス活動を手放すことはおそらくできないだろう。嘘もだましも不意打ちもない平和な世界は存在しない。人間には無垢で平和な世界を希求する側面があるとともに、抑えがたい感情を暴力に訴える側面もある。どちらかが唯一の真実でもないし、どちらかが支配的でもない。ほとんどの宗教が平和を求める一方、他宗教に寛容でない宗教もまた多い。簡単には解けない歴史的な問題が世界各地に残っている。そうした世界において、自衛のためのインテリジェンスはどうしても必要である。

「日本は平和憲法を持つのだから、安全保障政策について考えることはできない」というのはおかしい。むしろ、平和を獲得・維持するためにも安全保障政策は必要になる。国会や国民によるチェックアンドバランスが必要なことはいうまでもない。しかし、現実に背を向け、議論を避けていても脅威やリスクが消えることはない。

サイバー攻撃は、一昔前まではSFの世界の出来事であり、映画や小説の題材に過ぎなかった。しかし、近年ではより現実味のあるシナリオが見られるようになっている。例えば、オーストリアの作家マルク・エルスベルグによる『ブラックアウト』は、二〇〇一年の九・一一、二〇〇八年のリーマン・ショック、二〇一〇年のイランへのスタックスネット攻撃、二〇一三年の福島第一原発事故などを踏まえた最悪のシナリオを提示している[17]。

現実にこのようなサイバー攻撃が起きたとき、民主主義体制の国々はその基盤を危うくすることになるだろう。人間が想像できることは実行可能であることが多い。九・一一のような大規模なテロが発生することは考えにくかったが、米国議会にハイジャックされた飛行機が突っ込むというシナリオはトム・クランシーの小説『合衆国崩壊』で示されていた[18]。手法自体が想像できなかったわけではない。現実味がなかっただけである。

事前に多くの兆候があったにもかかわらず、それを認知し、分析し、判断する力が欠けていたことが教訓である。だからこそ、米国政府は九・一一後のインテリジェンス活動に莫大な予算と人材をつぎ込んできた。確かに今までのところ、九・一一以後、大規模なテロを米国政府は防ぐことができている。スペインでは二〇〇四年のマドリッドの列車爆破テロ、英国では二〇〇五年の七・七テロ（ロンドン同時爆破事件）などもあったが、九・一一ほどの規模ではない。

インテリジェンスの現場にいる人たちは、徐々にサイバー攻撃の脅威に気づき、声を大きくしつつある。それを単純に自己正当化や予算獲得のためと切り捨てるのは適切ではない。そういう側面が皆無とは言わないものの、実際にサイバー攻撃は多発している。そして物理的攻撃とサイバー攻撃は不可分になりつつある。二〇一四年はじめに起きたクリミアをめぐるロシアとウクライナの問題では、ウクライナのサイバーシステムにロシアからと思われる激しい攻撃が行われた。全面戦争には発展しなかったものの、米英などが介入してロシアとの大規模な戦争になれば、サイバー攻撃の矛先が米英やその友好国に向かったとしてもおかしくはなかっただろう。おそらく、そのための準備はすでに行われている[19]。ロシアに対する経済制裁への報復と見られるサイバー攻撃が、JPモルガンはじめとする米国の銀行にも行われた。

第二章でも触れたように、二〇一四年一一月、ソニーの米国子会社であるソニー・ピクチャーズ・エンターテインメント（SPE）に対するサイバー攻撃が行われた。この事件は複雑な展開をたどるが、当初は金銭目的でソニーを恐喝するランサムウェア（ransomは身代金の意）攻撃のように見えた。こうした攻撃はすでに数多くの事例があるからである。ところが、SPEから盗まれた映画の一つが、北朝鮮の指導者・金正恩暗殺を題材にしたコメディであることが分かり、サイバー攻撃の主謀者として北朝鮮が疑われるに至った。その後、一二月になって、FBIは、攻撃者が北朝鮮であるとの声明を出した。難しいはずのアトリビューション問題が短期間で解決されたことになる。

北朝鮮は攻撃への関与を否定したが、攻撃者たちはこの映画の公開中止を求め、映画館に対する物理的なテロをほのめかしたため、SPEは一二月二五日に予定されていた上映と配給の中止を決定をする。これに対してオバマ大統領は一二月一九日の定例記者会見で、北朝鮮に相応の対応をとることを明言し、公開を中止したSPEの判断を「ミス」だったと批判した。米国内でもテロの脅しに屈したとするソニーへの批判が高まった。そのわずか三日後の二二日、今度は北朝鮮のインターネット接続が九時間半にわたって停止するという事態が起こる。米国政府の報復措置が疑われたが、国務省の副報道官は明言を避けた。SPEも先の決定を覆して独立系の映画館三〇〇館ほどでの上映と、オンデマンドでの公開に踏み切った。

二〇一四年一二月末時点で、事件の真相は詳らかでない。事態の途中から攻撃者の目的が変化したことから、攻撃に関与しているグループが複数ある可能性も考えられる。またSPEの情報漏洩の規模から考え、内部犯行説も捨てきれない。しかし、いずれにせよ本件が、サイバーセキュリティをめぐる様々な論点を浮き彫りにしたことは疑い得ない。例えば、①国家による外国の民間企業に対するサイバー攻撃、②サイバー攻撃に対する対抗措置、③サイバー攻撃の攻撃者に関するアトリビューションの確定、④サイバー脅威に対する国際的な連携、⑤サイバー・テロによる言論・表現の自由の抑圧、といった点である。これらの論点を踏まえ、何が適切な対抗手段であるかを判断していくことが、最も困難な課題と言えるだろう。

今後の戦争においてサイバーの側面を無視することはできない。NSA長官であり、二代目のサイバー軍司令官でもあるマイク・ロジャースは、「サイバーをより広い作戦概念に統合する能力が鍵となる。サイバーを何か専門的なもの、独特なもの、広い作戦枠組みの外にあるものとして扱うことは、非常にまちがった概念だと思う」と述べている[20]。

スノーデン問題は、スノーデンを裏切り者として切り捨てたり、NSAを行き過ぎたスパイ機関として切り捨てたりするだけで済ませることができない、深刻なジレンマをわれわれに示した。米国の建国の父祖の一人、ベンジャミン・フランクリンは「一時のわずかな安全を得るために本質的な自由を手放す者は、自由も安全も手にする資格はない」と指摘した[21]。単純に安全か、自由かの問題ではないとしても、そのバランスをとることもまた、簡単ではない。独裁国家ではないからこそ、われわれは議論を経た民主的決定に委ねるしかない。しかし、安全が失われた状態で適切な判断ができるかどうかは疑わしい。逆に、危機感を持たない単なる自由の追求は安全を失うことにもつながりかねない。

註

はじめに

1——Luke Harding, *Snowden Files: The True Inside Story on the World's Most Wanted Man*, New York: Vintage Books, 2014. ルーク・ハーディング（三木俊哉訳）『スノーデンファイル——地球上で最も追われている男の真実』日経ＢＰ社、二〇一四年。Glenn Greenwald, *No Place to Hide: Edward Snowden, the NSA and the Surveillance State*, London: Penguin, 2014. グレン・グリーンウォルド（田口俊樹、濱野大道、武藤陽生訳）『暴露——スノーデンが私に託したファイル』新潮社、二〇一四年。
2——Glenn Greenwald, "NSA Collecting Phone Records of Millions of Verizon Customers Daily," *The Guardian* <http://www.theguardian.com/world/2013/jun/06/nsa-phone-records-verizon-court-order>, June 5, 2013 (accessed on June 18, 2014).
3——Barton Gellman and Laura Poitras, "U.S., British Intelligence Mining Data from Nine U.S. Internet Companies in Broad Secret Program," *Washington Post* <http://www.washingtonpost.com/investigations/us-intelligence-mining-data-from-nine-us-internet-companies-in-broad-secret-program/2013/06/06/3a0c0da8-cebf-11e2-8845-d970ccb04497_story.html>, June 7, 2013 (accessed on June 18, 2014).
4——James Risen and Eric Lichtblau, "Bush Lets U.S. Spy on Callers Without Courts," *New York Times* <http://www.

nytimes.com/2005/12/16/politics/16program.html>, December 16, 2005 (accessed on June 18, 2014). ジェームズ・ライゼン（伏見威蕃訳）『戦争大統領――ＣＩＡとブッシュ政権の秘密』毎日新聞社、二〇〇六年。Eric Lichtblau, *Bush's Law: The Remaking of American Justice*, New York: Pantheon Books, 2008.
5――Jason Healey, "The Internet: A Lawless Wild West?" *National Interest* <http://nationalinterest.org/feature/the-internet-lawless-wild-west-10638>, June 11, 2014 (accessed on June 17, 2014).
6――佐々木孝博「講演：ロシアのサイバーセキュリティ――その戦略、組織、能力及び狙い」慶應義塾大学グローバル・セキュリティ研究所、二〇一四年一月二八日。佐々木孝博「サイバー空間の施策に関するロシアと欧米諸国のアプローチ」『日本大学大学院総合社会情報研究科紀要』第一四号、二〇一三年。佐々木孝博「多面的なロシアのサイバー戦――組織・戦略・能力」『ディフェンス』第四九号、二〇一一年、一三七〜一五一頁。

第1章

1――ジョージ・オーウェル（高橋和久訳）『一九八四年』早川書房、二〇〇九年。
2――Tom Clancy, with Mark Greaney, *Threat Vector*, New York: G. P. Putnam's Sons, 2012. トム・クランシー、マーク・グリーニー（田村源二訳）『米中開戦1〜4』新潮文庫、二〇一三年〜二〇一四年。
3――デイナ・プリースト、ウィリアム・アーキン（玉置悟訳）『トップシークレット・アメリカ――最高機密に覆われる国家』草思社、二〇一三年。
4――サイバーセキュリティの研究者として知られるブルース・シュナイアー（Bruce Schneier）が以下のイベントにおいてエスピオナージからサーベイランスへという発言をしている。Berkman Center for Internet &

Society, "Intelligence Gathering and the Unowned Internet," Berkman Center for Internet & Society <http://cyber.law.harvard.edu/events/2014/04/unownedinternet>, April 8, 2014 (accessed on May 23, 2014). 土屋大洋「サイバーセキュリティとインテリジェンス機関——米英における技術変化のインパクト」『国際政治』第一七九号、二〇一五年二月、四四〜五六頁。
5——David Lyon, *Surveillance Society: Monitoring Everyday Life*, Buckingham: Open University Press, 2001, p. 2.
6——ＮＳＡの活動を明らかにした先駆的な業績としてジェイムズ・バムフォード(James Bamford)の一連の著作がある。その邦訳のタイトルが「すべては傍受されている」となっている。James Bamford, *Body of Secrets: Anatomy of the Ultra-Secret National Security Agency from the Cold War through the Dawn of a New Century*, New York: Doubleday, 2001. ジェイムズ・バムフォード(瀧沢一郎訳)『すべては傍受されている——米国国家安全保障局の正体』角川書店、二〇〇三年。バムフォードのＮＳＡに関する他の著作としては以下を参照。James Bamford, *The Puzzle Palace: A Report on America's Most Secret Agency*, Boston: Houghton Mifflin, 1982. ジェイムズ・バムフォード(滝沢一郎訳)『パズル・パレス——超スパイ機関ＮＳＡの全貌』早川書房、一九八六年。James Bamford, *The Shadow Factory: The Ultra-Secret NSA from 9/11 to the Eavesdropping on America*, New York: Doubleday, 2008.
7——Mikkel Vedby Rasmussen, *The Risk Society at War: Terror, Technology and Strategy in the Twenty-First Century*, Cambridge: Cambridge University Press, 2006, pp. 1-2. グレゴリー・ディーエル「英国のサイバーセキュリティ戦略——脅威からリスクへの認識変化と組織的対応」『情報通信政策レビュー』第六号、二〇一三年。
8——Michael N. Schmitt, ed., *Tallinn Manual on the International Law Applicable to Cyber Warfare*, Cambridge: Cambridge University Press, 2013, p. 15 and Rule 30.
9——不特定多数のユーザーのコンピュータにウイルス等を感染させ、リモートコントロールによって標的となるコンピュータに一斉にアクセスさせることにより、標的の処理能力を奪い、サービス等を不能に陥らせること。
10――パーミー・オルソン（竹内薫訳）『我々はアノニマス――天才ハッカー集団の招待とサイバー攻撃の内幕』ヒカルランド、二〇一三年。
11――Mandiant, "APT1: Exposing One of China's Cyber Espionage Units" Mandiant <http://intelreport.mandiant.com/Mandiant_APT1_Report.pdf>, March 2, 2013 (accessed on May 22, 2014).
12――David Bargoza, "Billions in Hidden Riches for Family of Chinese Leader," *New York Times* <http://www.nytimes.com/2012/10/26/business/global/family-of-wen-jiabao-holds-a-hidden-fortune-in-china.html>, October 25, 2012 (accessed on February 11, 2014).
13――Mandiant, *op.cit.*
14――Mark A. Stokes, Jenny Lin and L.C. Russell Hsiao, "The Chinese People's Liberation Army Signals Intelligence and Cyber Reconnaissance Infrastructure," Project 2049 Institute <http://project2049.net/documents/pla_third_department_sigint_cyber_stokes_lin_hsiao.pdf>, November 11, 2011.
15――White House, "Executive Order – Improving Critical Infrastructure Cybersecurity," White House <http://www.whitehouse.gov/the-press-office/2013/02/12/executive-order-improving-critical-infrastructure-cybersecurity>, February 12, 2013 (accessed on February 11, 2014).
16――Jim Finkle, "Mandiant goes viral after China hacking report," Reuters <http://www.reuters.com/article/2013/02/23/net-us-hackers-virus-china-mandiant-idUSBRE91M02P20130223>, February 22, 2013 (accessed on February 11, 2014).
17――勝村幸博「中国サイバー攻撃の報告書には「決定的証拠」をあえて書かなかった　米マンディアン

ト(現 米ファイア・アイ)創業者兼元CEO、米ファイア・アイCOO　ケビン・マンディア氏」ITpro <http://itpro.nikkeibp.co.jp/article/Interview/20140618/564962/?top_tl1>、二〇一四年六月一九日(二〇一四年六月一九日アクセス)。
18——二〇一三年一一月二三日、慶應義塾大学湘南藤沢キャンパス主催のオープンリサーチフォーラム(ORF)におけるサー・ジェチュル(Sir Jae-Chul)韓国インターネット振興院(KISA)上級研究員の発言。
19——CrowdStrike Global Intelligence Team, "CrowdStrike Intelligence Report: Putter Panda," CrowdStrike <http://cdn0.vox-cdn.com/assets/4589853/crowdstrike-intelligence-report-putter-panda.original.pdf>, June 2014 (accessed on June 18, 2014).
20——例えば、以下を参照。Dan Verton, *Black Ice: The Invisible Threat of Cyber-Terrorism*, New York: McGraw-Hill/Osborne, 2003. ダン・バートン(星睦訳)『ブラックアイス——サイバーテロの見えない恐怖』インプレス、二〇〇三年。
21——プリースト、アーキン、前掲書、七四頁。
22——Richard A. Clarke and Robert K. Knake, *Cyber War: The Next Threat to National Security and What to Do about it*, New York: Ecco, 2012. リチャード・クラーク、ロバート・ネイク(北川知子、峯村利哉訳)『世界サイバー戦争——核を超える脅威　見えない軍拡が始まった』徳間書店、二〇一一年。
23——Harding, *op.cit.* Greenwald, *op.cit.*
24——フランシス・フクヤマ(鈴木淑美訳)『人間の終わり——バイオテクノロジーはなぜ危険か』ダイヤモンド社、二〇〇二年、i頁。
25——バラク・オバマ(棚橋志行訳)『合衆国再生——大いなる希望を抱いて』ダイヤモンド社、二〇〇七年、三三一頁。

26――グアンタナモ基地はキューバ島南東部の港湾都市にある軍港の基地であり、一八九八年の米西戦争で米軍が占領し、一九〇三年以来、米国の租借地となっているが、米国と不仲のキューバは返還を求めている。ここは米国の領土ではないため、米国法が適用されず、米国では認められていない拷問等が行われていると見られており、米国内外からの批判が強い。オバマ政権は収容者の削減を進めているが、二〇一四年一二月現在、閉鎖には至っていない。

第2章

1――White House, “President Barack Obama’s State of the Union Address,” White House <http://www.whitehouse.gov/the-press-office/2014/01/28/president-barack-obamas-state-union-address>, January 28, 2014 (accessed on February 11, 2014).
2――White House, “Remarks by the President in the State of the Union Address,” White House <http://www.whitehouse.gov/the-press-office/2013/02/12/remarks-president-state-union-address>, February 12, 2013 (accessed on February 11, 2014).
3――White House, “Press Briefing By National Security Advisor Tom Donilon,” White House <http://www.whitehouse.gov/the-press-office/2013/06/08/press-briefing-national-security-advisor-tom-donilon>, June 8, 2013 (accessed on February 11, 2014).
4――21世紀政策研究所「サイバー攻撃の実態と防衛」21世紀政策研究所<http://www.21ppi.org/pdf/thesis/130611.pdf>、二〇一三年五月(二〇一四年二月一一日アクセス)。特に第四章を参照。
5――Glenn Greenwald and Ewen MacAskill, “NSA Prism Program Taps in to User Data of Apple, Google and Others,”

The Guardian <http://www.theguardian.com/world/2013/jun/06/us-tech-giants-nsa-data>, Friday 7 June 2013 (accessed on June 20, 2014). Barton Gellman and Laura Poitras, "U.S., British Intelligence Mining Data from Nine U.S. Internet Companies in Broad Secret Program," *Washington Post* <http://www.washingtonpost.com/investigations/us-intelligence-mining-data-from-nine-us-internet-companies-in-broad-secret-program/2013/06/06/3a0c0da8-cebf-11e2-8845-d970ccb04497_story.html>, June 6, 2013 (accessed on June 20, 2014).
6――ジュリアン・アサンジが創設した漏洩情報を収集・公開するための組織とそのウェブサイトのこと。漏洩者の匿名性を暗号技術によって確保し、既存マスメディアが報じようとしない情報を公開して物議を醸した。
7――Daily Telegraph Foreign Staff, "Edward Snowden's Statement to Human Rights Groups in Full," *The Daily Telegraph* <http://www.telegraph.co.uk/news/worldnews/europe/russia/10176529/Edward-Snowdens-statement-to-human-rights-groups-in-full.html>, July 12, 2013 (accessed on February 11, 2014).
8――デビッド・カークパトリック（滑川海彦、高橋信夫訳）『フェイスブック 若き天才の野望』日経ＢＰ社、二〇一一年、二九〇頁。
9――『ガーディアン』特命取材チーム、デヴィッド・リー、ルーク・ハーディング（月沢李歌子訳）『アサンジの戦争』講談社、二〇一一年、三一頁。
10――New Yorker, "The Virtual Interview: Edward Snowden," *New Yorker* <http://www.newyorker.com/new-yorker-festival/live-stream-edward-snowden>, OCTOBER 11, 2014 (accessed on October 15, 2014).
11――Ibid. James Bamford, "The Most Wanted Man in the World," *Wired*, no. 22.09, pp. 86-95.
12――二〇一四年六月の報道によれば、スノーデンが機密を暴露する二〇一三年から六年もさかのぼる二〇〇七年からロシアのインテリジェンス機関がスノーデンに目を付けていたという。当時のスノーデンはＣ

ＩＡに雇われ、スイスのジュネーブにいた。そこでスノーデンは初めての海外生活を楽しむ一方で、ＣＩＡをはじめとする米国政府のやり方に失望を感じ、将来の機密暴露を考え始める。この話を英国のメディアに明かしたのは、ソ連の国家保安委員会（ＫＧＢ）の少佐だったボリス・カルピーチコフ（Boris Karpichko）である。彼は英国のタブロイド紙のデイリー・ミラーにロシアのインテリジェンス機関である対外情報庁（ＳＶＲ）が外交官の振りをして香港のスノーデンに接触し、彼を騙してモスクワに向かわせた後、その情報を米国にリークしてパスポートを失効させ、ロシアに亡命せざるを得ないように仕向けたという。スノーデンはモスクワ滞在前にロシアのエージェントになっていたわけではないが、モスクワに到着した後、脅されて情報を搾り取られているだろうと指摘している。しかし、カルピーチコフは一九九八年にロシアから英国に亡命しており、直接的な当事者ではなく、伝聞と推測に基づいた発言だと考えられる。ミラー紙も十分な確認をとった上で掲載したとは思えない。真相はスノーデンが少なくともロシアの外に出るまで分からないだろう。Nigel Nelson, "Edward Snowden was Targeted by Russian Spies 6 Years BEFORE He Exposed US Secrets," *Mirror* <http://www.mirror.co.uk/news/world-news/edward-snowden-targeted-russian-spies-3659815#ixzz34rdOIVDk>, June 7, 2014 (accessed on June 16, 2014). ただし、スノーデンが香港からモスクワに飛び立つ前、香港のロシア総領事館にいたのではないかと、スノーデンのロシアへの亡命が認められた後の二〇一三年八月の時点でロシアの新聞を引用しながらワシントン・ポスト紙が報じている。Will Englund, "Snowden Stayed at Russian Consulate while in Hong Kong, Report Says," *Washington Post* <http://www.washingtonpost.com/world/report-snowden-stayed-at-russian-consulate-while-in-hong-kong/2013/08/26/8237cf9a-0e39-11e3-a2b3-5e107edf9897_story.htm>, August 26, 2013 (accessed on June 18, 2014).
13 ——Greenwald, *op.cit.* Harding, *op.cit.*

14——Mark Hosenball and Warren Strobel, "Exclusive: NSA Delayed Anti-leak Software at Base Where Snowden Worked -Officials," *Reuters* <http://www.reuters.com/article/2013/10/18/us-usa-security-snowden-software-idUSBRE99H10620131018>, October 18, 2013 (accessed on June 20, 2014).
15——DEF CON Videos, "DEF CON 20 By General Keith B Alexander Shared Values Shared Response," YouTube <https://www.youtube.com/watch?v=Rm5cT-SFoOg>, May 20, 2013 (accessed on October 15, 2014).
16——二〇一三年九月一八日、ワシントンDCにてインタビュー。
17——Joseph Menn, "Exclusive: NSA Infiltrated RSA Security More Deeply than Thought — Study," *Reuters* <http://www.reuters.com/article/2014/03/31/us-usa-security-nsa-rsa-idUSBREA2U0TY20140331>, Mar 31, 2014 (accessed on June 20, 2014).
18——Wilson Andrews and Todd Lindeman, "Black Budget," *Washington Post* <http://www.washingtonpost.com/wp-srv/special/national/black-budget/>, August 29, 2013 (accessed on June 20, 2014).
19——James Risen and Nick Wingfield, "Web's Reach Binds N.S.A. and Silicon Valley Leaders," *New York Times* <http://www.nytimes.com/2013/06/20/technology/silicon-valley-and-spy-agency-bound-by-strengthening-web.html>, June 19, 2013 (accessed on February 11, 2014).
20——二〇一四年三月二〇日、ワシントンDCでのインタビュー。
21——Craig Timberg and Christopher Ingraham, "Fines in NSA Dispute Might Have Bankrupted Yahoo," *Washington Post*, September 16, 2014.
22——Gloucestershire Echo, "GCHQ 'Warns' David Cameron that Facebook and Google are 'Undermining' National Security," *Gloucestershire Echo* <http://www.gloucestershireecho.co.uk/GCHQ-warns-David-Cameron-Facebook-Google/story-21020214-detail/story.html>, April 27, 2014 (accessed on June 20, 2014).

23——Robert Verkaik, "Spy chiefs warn PM: Internet giants including Google and Facebook are shielding terrorists and paedophiles," *Mail* <http://www.dailymail.co.uk/news/article-2614137/Spy-chiefs-warn-PM-Internet-giants-including-Google-Facebook-shielding-terrorists-paedophiles.html>, April 26, 2014 (accessed on June 20, 2014).
24——Kenneth Neil Cukier and Viktor Mayer-Schoenberger, "The Rise of Big Data How It's Changing the Way We Think About the World," *Foreign Affairs*, vol. 92, no. 3, May/June 2013, pp 27-40.
25——Loren Thompson, "NSA's Secret Data Center Is A Threat — But Only To America's Enemies," *Forbes* <http://www.forbes.com/sites/lorenthompson/2012/03/20/nsas-secret-data-center-is-a-threat-but-only-to-americas-enemies/>, March 20, 2012 (accessed on June 20, 2014).
26——James Bamford, "The NSA Is Building the Country's Biggest Spy Center (Watch What You Say)," *Wired* <http://www.wired.com/threatlevel/2012/03/ff_nsadatacenter/>, March 15, 2012 (accessed on June 20, 2014).
27——White House, "Remarks by the President on Review of Signals Intelligence," White House <http://www.whitehouse.gov/the-press-office/2014/01/17/remarks-president-review-signals-intelligence>, January 17, 2014 (accessed on February 11, 2014).
28——Barton Gellman, "Edward Snowden, After Months of NSA Revelations, Says His Mission's Accomplished," *Washington Post* <http://www.washingtonpost.com/world/national-security/edward-snowden-after-months-of-nsa-revelations-says-his-missions-accomplished/2013/12/23/49fc36de-6c1c-11e3-a523-fe73f0ff6b8d_story.html>, December 24, 2013 (accessed on February 11, 2014).

1——White House, “The National Strategy to Secure Cyberspace,” White House <https://www.us-cert.gov/sites/default/files/publications/cyberspace_strategy.pdf>, February 2003 (accessed on June 20, 2014).
2——Ibid., p. 8.
3——Ibid., p. 22.
4——Ibid., p. 50.
5——CSIS, “Securing Cyberspace for the 44th Presidency: A Report of the CSIS Commission on Cybersecurity for the 44th Presidency,” CSIS <http://csis.org/files/media/csis/pubs/081208_securingcyberspace_44.pdf>, December 2008 (accessed on June 20, 2014).
6——United States Government, “Cyberspace Policy Review: Assuring a Trusted and Resilient Information and Communications Infrastructure,” White House <http://www.whitehouse.gov/assets/documents/Cyberspace_Policy_Review_final.pdf>, May 2009 (accessed on June 20, 2014).
7——Ibid., p. iii.
8——United States Department of Defense, “Quadrennial Defense Review,” United States Department of Defense <http://www.defense.gov/qdr/>, February 2010 (accessed on June 20, 2014).
9——エア・シー・バトルの実現には、米国の各軍の統合運用だけでなく、同盟国との協力も重要になる。したがって、国際的なサイバーセキュリティもまた重要になるという側面がある。
10——David E. Sanger, *Confront and Conceal: Obama’s Secret Wars and Surprising Use of American Power*, New York: Crown Publishers, 2012.
11——二〇一二年一二月にワシントンDCで行ったヒアリングでも同様の見解が得られた。
12——Josh Peterson, “Lieberman Pushes Obama to Issue Cybersecurity Executive Order,” *The Daily Caller* <http://daily

caller.com/2012/09/26/lieberman-pushes-obama-to-issue-cybersecurity-executive-order/>, September 26, 2012 (accessed on June 20, 2014). Dara Kerr, "Senator Urges Obama to Issue 'Cybersecurity' Executive Order," *CNET* <http://news.cnet.com/8301-1009_3-57519484-83/senator-urges-obama-to-issue-cybersecurity-executive-order/>, September 24, 2012 (accessed on June 20, 2014).
13——Eric Chabrow, "GOP Senators Warn Obama on Executive Order," *Bank Info Security* <http://www.bankinfosecurity.com/gop-senators-warn-obama-against-issuing-executive-order-a-5162>, October 2, 2012 (accessed on June 20, 2014).
14——The White House, "Executive Order — Improving Critical Infrastructure Cybersecurity," White House Office of the Press Secretary <http://www.whitehouse.gov/the-press-office/2013/02/12/executive-order-improving-critical-infrastructure-cybersecurity>, February 12, 2013 (accessed on June 20, 2014).
15——The White House, "Remarks by the President in the State of the Union Address," White House Office of the Press Secretary <http://www.whitehouse.gov/the-press-office/2013/02/12/remarks-president-state-union-address>, February 12, 2013 (accessed on June 20, 2014).
16——David E. Sanger, David Barboza and Nicole Perlroth, "Chinese Army Unit is Seen as Tied to Hacking Against U.S.," *New York Times* <http://www.nytimes.com/2013/02/19/technology/chinas-army-is-seen-as-tied-to-hacking-against-us.html>, February 19, 2013 (accessed on June 20, 2014).
17——第一章注16参照。
18——例えば、ＮＳＡ設立から六年後に初版が出版された以下の本では二頁強にわたって解説されている。
Harry Howe Ransom, *Central Intelligence and National Security*, Cambridge: Massachusetts: Harvard University Press, 1965, pp. 116-118.

19——Associated Press, "Former U. S. Analyst Admits a Spy Charge; National Security Ex-Analyst Pleads Guilty to a Spy Charge," *New York Times*, December 23, 1954.
20——"Text of Statements Read in Moscow by Former U.S. Security Agency Workers," *New York Times*, September 7, 1960.
21——Intelligence.gov, "A Complex Organization United Under a Single Goal: National Security" <http://www.intelligence.gov/about-the-intelligence-community/structure.html>, publish date unknown (accessed on March 29, 2013).
22——報告書は <http://www.9-11commission.gov/> で入手可能。この委員会は九・一一を防げなかった原因を調査するため両党派のメンバーによって組織された。他に、米国議会上院のインテリジェンス委員会も報告書を発表している。上院の報告書は <http://intelligence.senate.gov/> にて入手可能。
23——原文は下記を参照。U.S. Code Collection, <http://www.law.cornell.edu/uscode/html/uscode50/usc_sec_50_00000401---a000-.html>, (accessed on April 11, 2007).
24——原文は「information relating to the capabilities, intentions, or activities of foreign governments or elements thereof, foreign organizations, or foreign persons, or international terrorist activities」である。
25——原文は「information gathered, and activities conducted to protect against espionage, other intelligence activities, sabotage, or assassinations conducted by or on behalf of foreign governments or elements thereof, foreign organizations, or foreign persons, or inter national terrorist activities」である。
26——Robert M. Gates, *Duty: Memoirs of a Secretary at War*, New York: Alfred A. Knopf, 2014, p. 449.
27——Ibid., pp. 449-451.
28——一九〇三年、陸軍に一般幕僚部制が採用された時、陸軍情報部は「第二部」に編入され、そこからG

2の歴史が始まり、今日にいたるまでアメリカ陸軍の情報を任務とすることになっている。米軍においては、「2」は共通してインテリジェンス（情報）を扱う部門となっており、例えば空軍では「A2」になる。陸軍の由来については以下を参照。アレン・ダレス（鹿島守之助訳）『諜報の技術』鹿島研究所出版会、一九六五年、五一頁。
29——バートン・ゲルマン（加藤祐子訳）『策謀家チェイニー——副大統領が創った「ブッシュのアメリカ」』朝日新聞出版、二〇一〇年、三六六頁。
30——Ellen Nakashima, “Alexander: Promote Cyber Command to Full Unified Command Stats,” *Washington Post* <http://www.washingtonpost.com/blogs/the-switch/wp/2014/03/12/alexander-promote-cyber-command-to-full-unified-command-status/>, March 12, 2014 (accessed on June 20, 2014).
31——Ibid. 公聴会のビデオは以下でアクセスできる。Jacob Goodwin, “General Keith Alexander testifies before a House Armed Services Subcommittee for, Perhaps, the Last Time,” Intelligence Community News <http://intelligencecommunitynews.com/2014/03/12/general-keith-alexander-testifies-before-a-house-armed-services-subcommittee-for-perhaps-the-last-time/>, March 12, 2014 (accessed on June 20, 2014). 当該回答はビデオの二七分頃と四二分頃にある。
32——Ellen Nakashima, “Military Leaders Seek Higher Profile for Pentagon’s Cyber Command Unit,” *Washington Post* <http://www.washingtonpost.com/world/national-security/military-officials-push-to-elevate-cyber-unit-to-full-combatant-command-status/2012/05/01/gIQAUud1uT_story.html>, May 1, 2012 (accessed on June 20, 2014).
33——David E. Sanger, “New N.S.A. Chief Calls Damage from Snowden Leaks Manageable,” *New York Times* <http://www.nytimes.com/2014/06/30/us/sky-isnt-falling-after-snowden-nsa-chief-says.html?_r=0>, June 29, 2014 (accessed on October 15, 2014).

34――ダレス『諜報の技術』前掲、三八九～四〇〇頁。

第4章

1――Ryan Gallagher, "British Spy Chiefs Secretly Begged to Play in NSA's Data Pools," *The Intercept* <https://firstlook.org/theintercept/article/2014/04/30/gchq-prism-nsa-fisa-unsupervised-access-snowden/>, Apr 30, 2014 (accessed on June 20, 2014).
2――Mark Schone, Richard Esposito, Matthew Cole and Glenn Greenwald, "War on Anonymous: British Spies Attacked Hackers, Snowden Docs Show," *NBC News* <http://www.nbcnews.com/news/investigations/war-anonymous-british-spies-attacked-hackers-snowden-docs-show-n21361>, February 5, 2014 (accessed on June 20, 2014).
3――GCHQの歴史については以下の三冊が詳しい。Nigel West, *GCHQ: The Secret Wireless War 1900-86*, London: Weidenfeld and Nicolson, 1986. Richard Aldrich, *GCHQ: Uncensored Story of Britain's Most Secret Intelligence Agency*, London: HarperPress, 2011.
4――バーバラ・W・タックマン（町野武訳）『決定的瞬間――暗号が世界を変えた』ちくま学芸文庫、二〇〇八年。
5――Winston S. Churchill, *Their Finest Hour*, Cambridge, MA: Houghton Mifflin Company Boston, 1949, p. 461.
6――Aldrich, *GCHQ*.
7――二〇一三年九月一一日、ウォーリック大学でのインタビュー。
8――なぜかフランス語で「爆弾」を意味する言葉が使われている。

9——パトリック・ラーデン・キーフ（冷泉彰彦訳）『チャター——全世界盗聴網が監視するテロと日常』日本放送出版協会、二〇〇五年、一三二〜一三六頁。D. J. Cole, *Geoffrey Prime: The Imperfect Spy*, London, Robert Hale, 1998.
10——The Intelligence and Security Committee of Parliament, “Uncorrected Transcript of Evidence,” The Intelligence and Security Committee of Parliament <http://isc.independent.gov.uk/news-archive/7november2013-1>, November 7, 2013 (accessed on June 20, 2014).
11——Kimberly Dozier, “Al Qaeda Changing Tactics after NSA Leaks,” *The World Post* <http://www.huffingtonpost.com/2013/06/27/al-qaeda-nsa-leaks-changing-tactics_n_3509871.html>, June 26, 2013 (accessed on June 20, 2014).
12——Bill Gardner, “Quarter of Criminals being Watched by GCHQ Have Gone off Radar since Snowden Leaks,” *The Telegraph* <http://www.telegraph.co.uk/technology/internet-security/10884701/Quarter-of-criminals-being-watched-by-GCHQ-have-gone-off-radar-since-Snowden-leaks.html>, June 8, 2014 (accessed on June 16, 2014).
13——Ewen MacAskill, “GCHQ Head Sir Iain Lobban Stands Down,” *The Guardian* <http://www.theguardian.com/uk-news/2014/jan/28/gchq-head-sir-iain-lobban-stands-down>, January28, 2014 (accessed on June 27, 2014).
14——Cabinet Office, “The National Security Strategy of the United Kingdom: Security in an Interdependent World,” Cabinet Office <https://www.gov.uk/government/uploads/system/uploads/attachment_data/file/228539/7291.pdf>, 2008 (accessed on June 20, 2014), p. 3.
15——Cabinet Office, “The National Security Strategy of the United Kingdom: Update 2009 - Security for the Next Generation,” Cabinet Office <https://www.gov.uk/government/uploads/system/uploads/attachment_data/file/229001/7590.pdf>, 2009 (accessed on June 20, 2014), p. 102.

16——Ibid., pp. 3-4.
17——HM Government, “A Strong Britain in an Age of Uncertainty: The National Security Strategy,” HM Government <https://www.gov.uk/government/uploads/system/uploads/attachment_data/file/61936/national-security-strategy.pdf>, October 2010 (accessed on June 20, 2014).
18——HM Government, “Securing Britain in an Age of Uncertainty: The Strategic Defence and Security Review,” HM Government <http://www.direct.gov.uk/prod_consum_dg/groups/dg_digitalassets/@dg/@en/documents/digitalasset/dg_191634.pdf>, October 2010 (accessed on June 20, 2014).
19——Cabinet Office, “Cyber Security Strategy of the United Kingdom: Safety, Security and Resilience in Cyber Space,” Cabinet Office <http://www.official-documents.gov.uk/document/cm76/7642/7642.pdf >, June 2009 (accessed on June 20, 2014), p. 3.
20—— Ibid, p. 5.
21——Cabinet Office, “The UK Cyber Security Strategy Protecting and Promoting the UK in a Digital World,” Cabinet Office <http://www.carlisle.army.mil/dime/documents/UK%20Cyber%20Security%20Strategy.pdf>, November 2011 (accessed on June 20, 2014).
22——National Audit Office, “The UK Cyber Security Strategy: Landscape Review,” National Audit Office <http://www.nao.org.uk/report/the-uk-cyber-security-strategy-landscape-review/>, 2013 (accessed on June 20, 2014), p. 22.
23——Home Office, “Cyber Crime Strategy,” HM Government <https://www.gov.uk/government/uploads/system/uploads/attachment_data/file/228826/7842.pdf>, March 2010 (accessed on June 20, 2014), p. 9.
24——情報の多くは、インテリジェンス安全保障委員会の年次報告書による。この委員会は英国議会による監査組織である。Intelligence and Security Committee, “Annual Report 2010-2011,” Scribd <http://ja.scribd.com/

doc/60090200/Intelligence-and-Security-Committee-Annual-Report-2010-2011>, July 2011 (accessed on June 20, 2014).
25——Ibid., p. 59.
26——Ibid., p. 58.
27——Ibid., p. 56.
28——Ministry of Defence, “Written Evidence from the Ministry of Defence, Parliamentary Defence Committee on Defence and Cyber Security,” UK Parliament <http://www.publications.parliament.uk/pa/cm201012/cmselect/cmdfence/writev/1881/dcs01.htm>, 2012 (accessed on June 20, 2014).
29——Ministry of Defence, “Defence Security and Assurance Services: defence industry/list X,” HM Government <https://www.gov.uk/defence-security-and-assurance-services-defence-industry-list-x>, February 7, 2013 (accessed on June 20, 2014).
30——White House, “Joint Fact Sheet: U.S.-UK Progress Towards a Freer and More Secure Cyberspace,” White House <http://www.whitehouse.gov/the-press-office/2012/03/14/joint-fact-sheet-us-uk-progress-towards-freer-and-more-secure-cyberspace>, March 14, 2012 (accessed on June 20, 2014).
31——Joint Forces Command, “Working for JFC,” Gov.UK <https://www.gov.uk/government/organisations/joint-forces-command/about/recruitment>, Publish Date Unknown (accessed on June 27, 2014).
32——Intelligence and Security Committee, 2011, p. 20.
33——Ibid., p. 20.
34——Liat Clark「英諜報機関、六大学を『サイバースパイ養成校』に認定」*Wired* <http://wired.jp/2014/08/12/gchq-universities/> 二〇一四年八月一二日(二〇一四年八月一六日アクセス)。

35——ピーター・ライト、ポール・グリーングラス（久保田誠一監訳）『スパイキャッチャー』朝日新聞社、一九八七年。
36——Lionel Barber, "Lunch with the FT Sir John Sawers: 'I've sometimes had to Dissemble,'" *Finantial Times*, 20 September/21 September 2014, p. 3.

第5章

1——インフラストラクチャは、「下に」を意味する接頭辞である「infra」と、「構造」を意味する「structure」をつなげた言葉で、下部構造を意味する。転じて、社会機能の基盤となるような有形・無形の構造物を指す。それに対して上部構造は、「上に」を意味する「super」という接頭辞とストラクチャを合わせ「スーパーストラクチャ（superstructure）」と呼ぶ。
2——戦略研究学会、片岡徹也編『戦略論体系③モルトケ』芙蓉書房出版、二〇〇二年、八二〜一四一頁。また、同書の片岡徹也による「解題」（二七〇〜二七六頁）も参照。
3——「サイバー攻撃　中国の影」『読売新聞』二〇一一年一一月二九日。
4——内田明憲「ユーゴ軍のコンピュータ標的　NATO空爆時にかく乱・破壊工作　米が認める」『読売新聞』一九九九年一〇月九日。
5——大塚隆一「敵のコンピューター網に侵入、破壊　サイバー攻撃を米軍が採用へ」『読売新聞』二〇〇〇年一月七日。
6——池内新太郎「『二正面戦略』転換、アジア重視に、国防長官公式表明」『日本経済新聞』二〇〇一年六月二二日。

7——永田和男「[プロフィル]米統合参謀本部議長に指名された　リチャード・マイヤーズ氏五九」『読売新聞』二〇〇一年八月二五日。
8——U.S. Department of Defense, "Quadrennial Defense Review," U.S. Department of Defense <http://www.defense.gov/pubs/pdfs/qdr2001.pdf>, September 30, 2001 (accessed on June 20, 2014), p. 7.
9——Ibid., p. 34.
10——U.S. Department of Defense, "Quadrennial Defense Review Report," U.S. Department of Defense <http://www.defense.gov/qdr/report/Report20060203.pdf> February 6, 2006 (accessed on June 20, 2014), p. 37.
11——U.S. Department of Defense, "Quadrennial Defense Review Report," U.S. Department of Defense <http://www.defense.gov/qdr/images/QDR_as_of_12Feb10_1000.pdf>, February 2010 (accessed on June 20, 2014), p. 32.
12——White House, "National Security Strategy," White House <http://www.whitehouse.gov/sites/default/files/rss_viewer/national_security_strategy.pdf>, May 2010 (accessed on June 20, 2014), p. 17.
13——U.S. Department of Defense and Office of the Director of National Intelligence, "National Security Space Strategy, Unclassified Summary," U.S. Department of Defense <http://www.defense.gov/home/features/2011/0111_nsss/docs/NationalSecuritySpaceStrategyUnclassifiedSummary_Jan2011.pdf>, January 2011 (accessed on June 20, 2014), p. 11.
14——U.S. Department of Defense, "Department of Defense Strategy for Operating in Cyberspace," U.S. Department of Defense <http://www.defense.gov/news/d20110714cyber.pdf>, July 2011 (accessed on June 20, 2014), p. 5.
15——Cheryl Pellerin, "DOD Releases First Strategy for Operating in Cyberspace," U.S. Department of Defense <http://www.defense.gov/news/newsarticle.aspx?id=64686>, July 14, 2011 (accessed on July 14, 2011).
16——U.S. Department of Defense, "Joint Operational Access Concept, Version 1.0," U.S. Department of Defense

<http://www.defense.gov/pubs/pdfs/JOAC_Jan%202012_Signed.pdf>, January 17, 2012 (accessed on June 20, 2014), p. 26.
17——Federal Register, "Executive Order 13636 of February 12, 2013," Federal Register <https://www.federalregister.gov/articles/2013/02/19/2013-03915/improving-critical-infrastructure-cybersecurity>, February 12, 2013 (access on June 21, 2014).
18——一八分野とは、①食糧・農業、②銀行・金融、③化学、④商業施設、⑤通信、⑥重要製造業、⑦ダム、⑧防衛産業基盤、⑨緊急サービス、⑩エネルギー、⑪政府施設、⑫ヘルスケア・公衆衛生、⑬情報技術、⑭国定史跡・建造物、⑮核施設・物質・廃棄物、⑯郵便・配送、⑰輸送システム、⑱水道、である。
19——QDR, 2010, p. 8-9.
20——なお、「commons」は、「common」の複数形ではなく、「commons」という単数名詞として使われている。ギャレット・ハーディンの「共有地の悲劇」の論文でも、例えば「sharing a commons」という表現があるように、単数形で使われている。Garrett Hardin, "The Tragedy of the Commons," *Science*, Vol. 162, No. 3859 (December 13, 1968), pp. 1243-1248. http://www.sciencemag.org/content/162/3859/1243
21——Ibid., p. 37.
22——この点を強調したものとしては以下を参照。Verton, *op.cit.* バートン、前掲書。
23——「『犯罪意識』薄める仮想現実　侵入・破壊…『事件』絶えず」『日経産業新聞』一九九八年一一月一六日。
24——「米衛星にサイバー攻撃　米議会報告書案　中国軍関与の可能性」『読売新聞』二〇一一年一〇月二九日。「サイバー攻撃　中国の影」『読売新聞』二〇一一年一一月二九日。
25——「NASA標的　サイバー攻撃」『読売新聞』二〇一二年三月三日。

26——Mathew J. Schwartz, "Lockheed Martin Suffers Massive Cyberattack," *InformationWeek* <http://www.informationweek.com/government/security/lockheed-martin-suffers-massive-cyberatt/229700151>, May 31, 2011 (accessed on February 24, 2013).
27——「三菱重サーバーに侵入　防衛・原発関連も　八〇台ウイルス感染」『読売新聞』二〇一一年九月一九日。
28——「サイバー攻撃　防衛関連団体も標的　情報集め　加盟社にウイルス」『読売新聞』二〇一一年一〇月一五日。「防衛関連団体も感染　サイバー攻撃　会員企業の情報盗む？」『日本経済新聞』二〇一一年一〇月一五日。「三菱・川崎重攻撃同一犯か　米サイトに強制通信」『読売新聞』二〇一一年一〇月一六日。
29——「宇宙関連情報流出の可能性　三菱重工　ウイルス感染」『読売新聞』二〇一二年一二月一日。「三菱重工、ウイルス感染　宇宙関連情報が流出？」『日本経済新聞』二〇一二年一二月一日。
30——「ＪＡＸＡ、ロケット情報流出か　標的型サイバー攻撃再び」『日経産業新聞』二〇一二年一二月三日。
31——宇宙航空研究開発機構「ＪＡＸＡにおけるコンピュータ・ウイルス感染に関する調査結果について」<http://www.jaxa.jp/press/2013/02/20130219_security_j.html>二〇一三年二月一九日（二〇一三年二月二四日アクセス）。
32——孫兌鍾「韓国の安全保障に対するサイバー脅威と対応方向」『ROK Angle』一七号、二〇一一年一一月四日。
33——Sean Gallagher, "North Korea Pumps up the GPS Jamming in Week-long Attack," *Ars Technica* <http://arstechnica.com/information-technology/2012/05/north-korea-pumps-up-the-gps-jamming-in-week-long-attack/>, May 10 2012 (accessed on February 25, 2013).
34——経済産業省「サイバーセキュリティと経済研究会　中間とりまとめの公表について」経済産業省

<http://www.meti.go.jp/committee/kenkyukai/shoujo/cyber_security/report01.html> 二〇一一年八月一二日（二〇一四年六月二六日アクセス）。
35——David E. Sanger, *Confront and Conceal: Obama's Secret Wars and Surprising Use of American Power*, New York: Broadway Paperbacks, 2013.

第6章

1——それぞれの委員会は、①Disarmament and International Security Committee、②Economic and Financial Committee、③Social, Humanitarian and Cultural Committee、④Special Political and Decolonization Committee、⑤Administrative and Budgetary Committee、⑥Legal Committeeを扱う。
2——Eneken Tikk-Ringas, "Developments in the Field of Information and Telecommunication in the Context of International Security: Work of the UN First Committee 1998-2012, ICT4Peace," ICT for Peace <http://www.ict4peace.org/wp-content/uploads/2012/08/Eneken-GGE-2012-Brief.pdf>, 2012 (accessed on December 23, 2013).
3——"Joint Statement on Common Security Challenges at the Threshold of the Twenty-First Century," GPO <http://www.gpo.gov/fdsys/pkg/WCPD-1998-09-07/pdf/WCPD-1998-09-07-Pg1696.pdf> 1998 (accessed on December 23, 2013).
4——John Perry Barlow, "A Declaration of the Independence of Cyberspace" Electronic Frontier Foundation <https://projects.eff.org/~barlow/Declaration-Final.html> February 8, 1996 (accessed on June 25, 2014). ジョン・ペリー・バーローは音楽バンドのグレートフル・デッドの作詞家として知られており、近年は電子フロン

ティア財団（Electronic Frontier Foundation）を活動の場としている。この宣言は、米国政府がインターネット上のポルノを規制しようとする通信品位法（Communications Decency Act: CDA）を議会が可決したことに対する抗議として発表された。詳しくは以下を参照。木村忠正、土屋大洋『ネットワーク時代の合意形成』ＮＴＴ出版、一九九八年、第五章。
5——Ser Myo-ja, "Specialist on Pyongyang Named NIS First Deputy," *Korea Joongang Daily* <http://koreajoongangdaily.joins.com/news/article/article.aspx?aid=2970105>, Apr 13, 2013 (accessed on June 25, 2014).
6——Michael N. Schmitt, ed., *Tallinn Manual on the International Law Applicable to Cyber Warfare*, New York: Cambridge University Press, 2013.
7——ibid, pp. 15-21.
8——土屋大洋「非伝統的安全保障としてのサイバーセキュリティの課題——サイバースペースにおける領域侵犯の検討」渡邉昭夫編『二〇一〇年代の国際政治環境と日本の安全保障——パワー・シフト下における日本』防衛省防衛研究所 <http://www.nids.go.jp/publication/kaigi/studyreport/j2013.html>、二〇一三年（二〇一三年一二月二三日アクセス）。
9——この点については、以下が古典的名著とされている。ケネス・ウォルツ（渡邉昭夫、岡垣知子訳）『人間・国家・戦争——国際政治の3つのイメージ』勁草書房、二〇一三年。
10——伊藤剛「信頼醸成」猪口孝他編『国際政治事典』弘文堂、二〇〇五年、四八八〜四八九頁。
11——"Conference on Security and Co-operation in Europe Final Act," <http://www.osce.org/mc/39501?download=true>, 1975 (accessed on December 27, 2013). 訳文は以下に収録。藤田久一、浅田正彦編『軍縮条約・資料集［第三集］』有信堂高文社、二〇〇九年、三〇八〜三一三頁。なお、ＣＳＣＥは一九九〇年に常設化を宣言し、一九九四年に機構化した。それに伴い、名称が全欧安保協力機構（Organization for Security and

Co-operation in Europe：OSCE）となった。
12——Katharina Ziolkowski, “Confidence Building Measures for Cyberspace,” Katharina Ziolkowski, ed., *Peacetime Regime for State Activities in Cyberspace*, NATO CCD COE Publications, 2013, pp. 533-563.
13——Colin Clark, “China Attacked Internet Security Company RSA, Cyber Commander Tells SASC,” Briefing Defense <http://breakingdefense.com/2012/03/china-attacked-internet-security-company-rsa-cyber-commander-te/>, March 27, 2012 (accessed on June 20, 2014).
14——Ellen Nakashima, “Dismantling of Saudi-CIA Web Site Illustrates Need for Clearer Cyberwar Policies,” *Washington Post* <http://www.washingtonpost.com/wp-dyn/content/article/2010/03/18/AR2010031805464.html>, March 19, 2010 (accessed on June 20, 2014).
15——Hearing before the Subcommittee on Intelligence, Emerging Threats and Capabilities of the Committee on Armed Services, House of Representatives, One Hundred Thirteenth Congress, First Session, March 13, 2013.

第7章

1——永野秀雄「米国における国家機密の指定と解除：わが国における秘密保全法制の検討材料として」法政大学人間環境学会『人間環境論集』第一二巻二号、二〇一二年三月、一～一〇二頁。
2——Peter Hermann and Ann E. Marimow, “Navy Yard Shooter Aaron Alexis Driven by Delusions,” *Washington Post* <http://www.washingtonpost.com/local/crime/fbi-police-detail-shooting-navy-yard-shooting/2013/09/25/ee321abe-2600-11e3-b3e9-d97fb087acd6_story.html>, September 25, 2013 (accessed on June 25, 2014).
3——John Hamre, “Navy Yard Shooting Exposes Flawed Security Clearance Process,” *Washington Post* <http://www.

washingtonpost.com/opinions/navy-yard-shooting-exposes-flawed-security-clearance-process/2013/09/18/b5c4809c-209a-11e3-a358-1144dee636dd_story.html>, September 18, 2013 (accessed on June 20, 2014).
4——二〇一三年九月一八日、ワシントンDCでのインタビュー。
5——Steven Aftergood, “Security-Cleared Population Rises to 5.1 Million,” *Secrecy News* <http://blogs.fas.org/secrecy/2014/03/security-cleared/>, March 24, 2014 (accessed on June 20, 2014).
6——二〇一三年九月一一日、ウォーリック大学でのリチャード・オルドリッチ教授とのインタビューからの引用。
7——二〇一三年九月一八日、ワシントンDCでのインタビュー。
8——二〇一三年九月一八日、ワシントンDCでのインタビュー。
9——Review Group on Intelligence and Communications Technologies, “Liberty and Security in a Changing World,” White House <http://www.whitehouse.gov/sites/default/files/docs/2013-12-12_rg_final_report.pdf>, 12 December 2013 (accessed on June 26, 2014).
10——Ellen Nakashima and Ann E. Marimow, “Judge: NSA’s collecting of phone records is probably unconstitutional,” *Washington Post* <http://www.washingtonpost.com/national/judge-nsas-collecting-of-phone-records-is-likely-unconstitutional/2013/12/16/6e098eda-6688-11e3-a0b9-249bbb34602c_story.html>, December 16, 2013 (accessed on June 26, 2014).「米連邦地裁、NSAの情報収集に「違憲」の判断」CNN <http://www.cnn.co.jp/tech/35041497.html>、二〇一三年一二月一七日(二〇一四年六月二五日アクセス)。
11——White House, “FACT SHEET: Review of U.S. Signals Intelligence,” White House <http://www.whitehouse.gov/the-press-office/2014/01/17/fact-sheet-review-us-signals-intelligence>, January 17, 2014 (accessed on June 25, 2014).

12―「対米同時テロ、発生からの一二時間　危機管理を検証　テロ認識に希薄な日本」『読売新聞』二〇〇一年九月二四日。
13―リチャード・オルドリッチ（会田弘継訳）『日・米・英「諜報機関」の太平洋戦争――初めて明らかになった極東支配をめぐる「秘密工作活動」』光文社、二〇〇三年、二九一～三二八頁。
14―大森義夫『「インテリジェンス」を一匙』選択エージェンシー、二〇〇四年、一五頁。
15―同書、三四頁。
16―バートン、前掲書、二一六～二一七頁。
17―マルク・エルスベルグ（猪股和夫、竹之内悦子訳）『ブラックアウト（上・下）』角川文庫、二〇一二年。
18―トム・クランシー（田村源二訳）『合衆国崩壊（1）～（4）』新潮文庫、一九九七年。
19―実際、ロシアに対する新たな制裁が行われれば、ロシアから欧米に対するサイバー報復攻撃も行われる可能性があるという報道もある。Chris Strohm and Kasia Klimasinska, "Officials Say Russian Hackers May Retaliate for Sanctions," *Bloomberg* <http://www.businessweek.com/news/2014-04-26/russian-hacker-attack-seen-as-possible-response-to-new-sanctions>, April 27, 2014 (accessed on June 26, 2015).
20―Cheryl Pellerin, "U.S. Cybercom Chief: Cyberspace operations are key to future warfare," *Peninsula Warrior* <http://www.peninsulawarrior.com/news/around_the_army/u-s-cybercom-chief-cyberspace-operations-are-key-to-future/article_3d531a7e-f7ef-11e3-9e32-0019bb2963f4.html>, June 20, 2014 (accessed on June 26, 2014).
21―Benjamin Franklin, "Pennsylvania Assembly: Reply to the Governor," Printed in Votes and Proceedings of the House of Representatives, 1755-1756, Philadelphia, 1756, pp. 19-21.

Panasonic

主要参考文献

- Aldrich, Richard, *GCHQ: Uncensored Story of Britain's Most Secret Intelligence Agency*, London: HarperPress, 2011.
- Andrew, Christopher, *Her Majesty's Secret Service: The Making of the British Intellingence Community*, New York: Viking, 1986.
- Bamford, James, *The Puzzle Palace: A Report on America's Most Secret Agency*, Boston: Houghton Mifflin, 1982. ジェイムズ・バムフォード（滝沢一郎訳）『パズル・パレス――超スパイ機関ＮＳＡの全貌』早川書房、一九八七年。
- Bamford, James, *Body of Secrets: Anatomy of the Ultra-Secret National Security Agency from the Cold War through the Dawn of a New Century*, New York: Doubleday, 2001. ジェイムズ・バムフォード（瀧沢一郎訳）『すべては傍受されている――米国国家安全保障局の正体』角川書店、二〇〇三年。
- Bamford, James, *The Shadow Factory: The Ultra-Secret NSA from 9/11 to the Eavesdropping on America*, New York: Doubleday, 2008.
- Byman, Daniel, and Benjamin Wittes, "Reforming the NSA," *Foreign Affairs*, vol. 93, no. 3, May/June 2014, pp. 127-138.
- Campbell, Duncan, and Linda Melvern, "America's Big Ear on Europe," *NewStatesman*, August 7, 1980.
- Campbell, Duncan, and Linda Melvern, "America's Big Ear on Europe Campbell, Duncan, and Linda Melvern,

"America's Big Ear on Europe," *NewStatesman*, Gusut 12, 1988.
• Clancy, Tom, with Mark Greaney, *Threat Vector*, New York: G. P. Putnam's Sons, 2012. トム・クランシー、マーク・グリーニー（田村源二訳）『米中開戦１〜４』新潮文庫、二〇一三年〜二〇一四年。
• Clarke, Richard A., and Robert K. Knake, *Cyber War: The Next Threat to National Security and What to Do about It*, New York: ECCO, 2010. クラーク、リチャード、ロバート・ネイク（北川知子、峯村利哉訳）『世界サイバー戦争——核を超える脅威　見えない軍拡が始まった』徳間書店、二〇一一年。
• CSIS, "Securing Cyberspace for the 44th Presidency: A Report of the CSIS Commission on Cybersecurity for the 44th Presidency," CSIS, December 2008.
• Farwell, James P., Rafal Rohozinski, "Stuxnet and the Future of Cyber War," *Survival*, vol. 53, no. 1, pp. 23-40.
• Gates, Robert M., *Duty: Memoirs of a Secretary at War*, New York: Alfred A. Knopf, 2014.
• Greenwald, Glenn, *No Place to Hide: Edward Snowden, the NSA, and the U.S. Surveillance State*, New York: Metropolitan Books, 2014. グレン・グリーンウォルド（田口俊樹、濱野大道、武藤陽生訳）『暴露——スノーデンが私に託したファイル』新潮社、二〇一四年。
• Harding, Luke, *The Snowden Files: The Inside Story of the World's Most Wanted Man*, New York: Vintage Books, 2014. ルーク・ハーディング（三木俊哉訳）『スノーデンファイル——地球上で最も追われている男の真実』日経ＢＰ社、二〇一四年。
• Healey, Jason, ed., *A Fierce Domain: Confclit in Cyberspace, 1986 to 2012*, Vienna, Virginia: Cyber Conflict Studies Association, 2013.
• Lichtblau, Eric, *Bush's Law: The Remaking of American Justice*, New York: Pantheon Books, 2008.
• Lynn, William J., III, "Defending a New Domain: The Pentagon's Cyberstrategy," *Foreign Affairs*, vol. 89, no. 5,

September/October 2020, pp. 97-108.
- Lyon, David, *Surveillance Society: Monitoring Everyday Life*, Buckingham: Open University Press, 2001.
- Lyon, David, *Surveillance after September 11*, Cambridge: Polity, 2003.
- Mayer, Jane, "The Hidden Power: The Legal Mind behind the White House's War on Terror," *The New Yorker*, vol 82, no. 20, July 3, 2006, pp. 44-55.
- Menn, Joseph, *Fatal System Error the Hunt for the New Crime Lords Who are Bringing Down the Internet*, New York, NY: PublicAffairs, 2010. ジョセフ・メン（浅川佳秀訳）『サイバー・クライム』講談社、二〇一一年。
- Nye, Joseph S., "Cyber Power," Harvard Kennedy School Belfer Center for Science and International Affairs, May 2010.
- Odom, William E., *Fixing Intellingece: For a More Secure America*, New Haven: Yale University Press, 2003.
- Omand, David, Securing *The State*, Oxford: Oxford University Press, 2014.
- Priest, Dana, and William M. Arkin, *Top Secret America: The Rise of the New American Security State*, New York: Little, Brown and Company, 2011. デイナ・プリースト、ウィリアム・アーキン（玉置悟訳）『トップシークレット・アメリカ――最高機密に覆われる国家』草思社、二〇一三年。
- Radden Keefe, Patrick, *Chatter: Dispatches from the Secret World of Global Eavesdropping*, New York: Random House, 2005. パトリック・ラーデン・キーフ（冷泉彰彦訳）『チャター――全世界盗聴網が監視するテロと日常』日本放送出版協会、二〇〇五年。
- Richelson, Jeffrey T., and Desmond Ball, *The Ties that Bind: Intelligence Cooperation between the UKUSA Countries — The United Kingdom, the United States of America, Canada, Australia and New Zealand*, Boston: Allen & Unwin, 1985.

- Rid, Thomas, *Cyber War Will Not Take Place*, London: Hurst and Company, 2013.
- Sanger, David E., *Confront and Conceal: Obama's Secret Wars and Surprising Use of American Power*, New York: Crown Publishers, 2012.
- Schmitt, Michael N., ed., *Tallinn Manual on the International Law Applicable to Cyber Warfare*, New York: Cambridge University Press, 2013.
- Tikk, Eneken, Kadri Kaska, and Liis Vihul, *International Cyber Incidents: Legal Considerations*, Tallinn: Cooperative Cyber Defence Centre of Excellence, 2010.
- Tsuchiya, Motohiro, "Cybersecurity in East Asia: Japan and the 2009 Attacks on South Korea and the United States," Kim Andreasson, ed., *Cybersecurity: Public Sector Threats and Responses*, Boca Raton, FL: CRC Press, 2012, pp. 55-76.
- Tsuchiya, Motohiro, "Patriotic Geeks Wanted to Counter a Cyber Militia," *AJISS-Commentary*, February 17, 2012.
- United States Department of Defense, "Quadrennial Defense Review," February 2010.
- United States Government Accountability Office, "Critical Infrastructure Protection: Sector-Specific Plans' Coverage of Key Cyber Security Elements Varies," October 2007.
- United States Government Accountability Office (GAO), "Cyberspace: United States Faces Challenges in Addressing Global Cybersecurity and Governance," GAO-10-606, Washington, D.C., July 2010.
- Verton, Dan, *Black Ice: The Invisible Threat of Cyber-Terrorism*, New York: McGraw-Hill/Osborne, 2003. ダン・バートン(星睦訳)『ブラックアイス——サイバーテロの見えない恐怖』インプレス、二〇〇三年。
- West, Nigel, *GCHQ: The Secret Wireless War 1900-86*, London: Weidenfeld and Nicolson, 1986.
- White House, "The National Strategy to Secure Cyberspace," February 2003.
- White House, "Homeland Security Presidential Directive 7, Critical Infrastructure Identification, Prioritization, and

Protection," December 17, 2003.
- White House, "National Security Presidential Directive 54/Homeland Security Presidential Directive 23," January 8, 2008.
- White House, "Cyberspace Policy Review: Assuring a Trusted and Resilient Information and Communications Infrastructure," May 2009.
- 21世紀政策研究所「サイバー攻撃の実態と防衛」21世紀政策研究所、二〇一三年。
- 伊東寛『「第5の戦場」サイバー戦争の脅威』祥伝社、二〇一二年。
- ウッドワード、ボブ（伏見威蕃訳）『オバマの戦争』日本経済新聞出版社、二〇一一年。
- ウラジミール『チャイナハッカーズ』扶桑社、二〇一四年。
- エルスベルグ、マルク（猪股和夫、竹之内悦子訳）『ブラックアウト（上・下）』角川文庫、二〇一二年。
- 大津留（北川）智恵子「大統領像と戦争権限」『アメリカ研究』第四三号、二〇〇九年、五九～七五頁。
- オバマ、バラク（棚橋志行訳）『合衆国再生――大いなる希望を抱いて』ダイヤモンド社、二〇〇七年。
- オルドリッチ、リチャード（会田弘継訳）『日・米・英「諜報機関」の太平洋戦争――初めて明らかになった極東支配をめぐる「秘密工作活動」』光文社、二〇〇三年。
- オルソン、パーミー（竹内薫訳）『我々はアノニマス――天才ハッカー集団の招待とサイバー攻撃の内幕』ヒカルランド、二〇一三年。
- 木村正人『見えない戦争――「サイバー戦」最新報告』新潮新書、二〇一四年。
- 佐々木孝博「多面的なロシアのサイバー戦――組織・戦略・能力」『ディフェンス』第四九号、二〇一一年、一三七～一五一頁。
- 佐々木孝博「サイバー空間の施策に関するロシアと欧米諸国のアプローチ」『日本大学大学院総合社会情

報研究科紀要』第一四号、二〇一三年。
・情報セキュリティ政策会議「国民を守る情報セキュリティ戦略」二〇一〇年五月一一日。
・杉原高嶺、水上千之、臼杵知史、吉井淳、加藤信行、高田映『現代国際法講義〔第五版〕』有斐閣、二〇一二年。
・タックマン、バーバラ・W（町野武訳）『決定的瞬間――暗号が世界を変えた』ちくま学芸文庫、二〇〇八年。
・ダレス、アレン（鹿島守之助訳）『諜報の技術』鹿島研究所出版会、一九六五年。
・土屋大洋『情報による安全保障――ネットワーク時代のインテリジェンス・コミュニティ』慶應義塾大学出版会、二〇〇七年。
・――「デジタル通信傍受とプライバシー――米国におけるＦＩＳＡ（外国インテリジェンス監視法）を事例に」情報通信学会編『情報通信学会誌』第九一号（第二七巻二号）、二〇〇九年、六七〜七七頁。
・――『ネットワーク・ヘゲモニー――「帝国」の情報戦略』ＮＴＴ出版、二〇一一年。
・――「日本のサイバーセキュリティ対策とインテリジェンス活動――二〇〇九年七月の米韓同時攻撃への対応を例に」『海外事情』二〇一一年六月号、一六〜二九頁。
・――『サイバー・テロ　日米vs.中国』文春新書、二〇一二年。
・――「非伝統的安全保障問題としての米国のサイバーセキュリティ政策」久保文明、高畑昭男、東京財団「現代アメリカ」プロジェクト編著『アジア回帰するアメリカ――外交安全保障政策の検証』ＮＴＴ出版、二〇一三年、一九八〜二一五頁。
・――「サイバーセキュリティのグローバル・ガバナンス――国際的な規範の模索」『Nextcom』第一四号、二〇一三年、四〜一一頁。

・――「インターネットとインテリジェンス機関」『治安フォーラム』(二〇一三年七月号)、三八～四一頁。
・――「プリズム問題で露呈した、オバマ政権下で拡大する通信傍受とクラウドサービスの危うさ」DIAMOND ONLINE、二〇一三年六月一七日。
・――「序論　作戦領域の拡大と日本の対応――第四と第五の作戦領域の登場」『国際安全保障』第四一巻一号、二〇一三年六月、一～一一頁。
・――「日本の新しいサイバーセキュリティ戦略」『治安フォーラム』二〇一三年八月号、四八～五一頁。
・――「プリズム問題が明らかにした米外国情報監視法(FISA)の課題」『治安フォーラム』二〇一三年九月号、四九～五二頁。
・――「ビッグデータの威力」『治安フォーラム』二〇一三年一〇月号、三〇～三三頁。
・――「制御システムのサイバーセキュリティ」『治安フォーラム』二〇一三年一一月号、四九～五二頁。
・――「米中首脳会談から垣間見えたサイバー攻撃の実態」『経団連』二〇一三年一二月号、五〇～五一頁。
・――「秘密の終焉」『治安フォーラム』二〇一四年一月号、四五～四八頁。
・――「壊れたセキュリティ・クリアランスと秘密保護」『治安フォーラム』二〇一四年二月号、六四～六七頁。
・――「国連を舞台にしたサイバーセキュリティ交渉」『治安フォーラム』二〇一四年三月号、四五～四八頁。

・――――「サイバーセキュリティとインテリジェンス機関――米英独における取り組みと信頼醸成措置」二〇一三年度中国現代国際関係研究院・国際社会経済研究所サイバーセキュリティ共同研究報告書（未公刊）、二〇一四年二月。
・――――「米国のサイバーセキュリティ政策」『海外事情』二〇一四年三月号、四六～五九頁。
・――――「サイバーセキュリティとインテリジェンス機関――米英における技術変化のインパクト」『国際政治』第一七九号、二〇一五年二月、四四～五六頁。
・土屋大洋監修『仮想戦争の終わり』ＫＡＤＯＫＡＷＡ、二〇一四年。
・西本逸郎、三好尊信『サイバー戦争の真実』中経出版、二〇一二年。
・バムフォード、ジェイムズ（滝沢一郎訳）『パズル・パレス――超スパイ機関ＮＳＡの全貌』早川書房、一九八六年。
・バムフォード、ジェイムズ（瀧澤一郎訳）『すべては傍受されている――米国国家安全保障局の正体』角川書店、二〇〇三年。
・向山喜浩「サイバーインテリジェンス対策を考えるために（１）」『警察学論集』第六六巻三号、二〇一三年三月、一二二～一五六頁。
・――――「サイバーインテリジェンス対策を考えるために（２）」『警察学論集』第六六巻四号、二〇一三年四月、八八～一〇七頁。
・――――「サイバーインテリジェンス対策を考えるために（３）」『警察学論集』第六六巻五号、二〇一三年五月、一一二～一五二頁。
・山本達也『革命と騒乱のエジプト――ソーシャルメディアとピーク・オイルの政治学』慶應義塾大学出版会、二〇一四年。

あとがき

本書をまとめる作業は、二〇一四年三月から二〇一五年二月まで、米国ハワイのイースト・ウエスト・センターでの在外研究中に行った。

当初、ハワイという観光イメージの強い土地は、研究者の行くところではないだろうと内心思っていた。しかし、国際会議で何度かハワイを訪れるうち、その地政学的な重要性に気づくに至った。米国にとってハワイはアジアの安全保障のための一大拠点であり、在日米軍・在韓米軍を取り仕切っているのはオアフ島に司令部を構える太平洋軍である（太平洋軍の実態は日本では十分に理解されていないように思う）。そして、二〇一三年六月に香港に逃亡した元NSA契約職員のエドワード・スノーデンがいたのもハワイの巨大なNSAの施設である。アジア系移民の割合が高いハワイは、アジアを監視する拠点として米国の安全保障上不可欠の役割を担っており、観光だけではない現在のハワイを知ることは日本人にとっても重要な意味を持つだろう。

ハワイに行くにあたって多くの自衛隊関係者、米軍関係者と知り合うことができ、たくさんのことを教えていただいた。防衛省海上幕僚監部の大塚海夫指揮通信情報部長には、当時はまだ次期NSA長官／サイバー軍司令官の「候補」だったマイク・ロジャース米海軍第一〇艦隊司令官やその他の多くの米軍関係者をご紹介くださるなど、多大なお力添えをいただいた。厚く御礼を申し上げる。航空自衛隊の車田秀一一等空尉にAFCEA（Armed Forces Communications and Electronics Association）を紹介していただき、入会できたことも大きかった。米陸軍のフォート・シャフター基地で開かれるAFCEAのランチョンに二人で毎月のように通ったことが懐かしい。

筆者の研究活動は他にも様々な方々の支援によって可能になった。

まず在外研究を可能にしてくれた慶應義塾大学の同僚諸氏に感謝したい。また、筆者を受け入れてくれたイースト・ウエスト・センターのチャールズ・E・モリソン所長、ナンシー・デイビス・ルイス研究プログラム部長、デニー・ロイ上級フェロー、そして、筆者の滞在をサポートしてくださったジューン・クラモトさん、アンナ・タナカさん、リリアン・シモダさん、ゲイリー・ヨシダさん、デレク・ファラーさん他のスタッフにも感謝する。

そもそも筆者の関心をハワイに向けてくださったのは慶應義塾大学メディアコミュニケーション研究所の菅谷実教授、在ホノルル日本国総領事館の荻野剛領事、ハワイ大学電気通信・社会情報研究プログラム（TASI）のクリスティーナ・ヒガ副所長他、多くの皆さんである。折に触れてアドバイスをくださった重枝豊栄総領事、大学の同窓生でもある大塚めぐみ領事、ハワイをめぐる安全保障をレクチャーしてくださった河本孝志専門調査員にも感謝したい。

学部生や大学院生、卒業生たちも情報収集などに協力してくれた。森裕介君、北川敬三君、グレッグ・ディーエル君、ポール・カレンダー君、菊地映輝君、小宮山功一郎君たちに感謝する。

さらに、情報セキュリティ政策会議、内閣官房情報セキュリティセンター（NISC）、国際大学グローバル・コミュニケーション・センター（GLOCOM）、サントリー文化財団、日本国際問題研究所、経済産業省情報セキュリティ政策室、総務省情報セキュリティ対策室、総務省情報通信政策研究所、外務省総合外交政策局安全保障政策課、外務省北米局北米第一課、防衛省運用企画局情報通信・研究課、防衛省海上幕僚監部人事教育部、防衛省防衛研究所、日本国際フォーラム、情報通信政策研究会議（ICPC）、21世紀政策研究所、日経CSISバーチャルシンクタンク、三金会、慶應義塾大学グローバル・セキュリティ研究所（G-SEC）、慶應義塾大学メディアコミュニケーション研究所、慶應義塾大学SFC研究所、慶應義塾大学国際インターネット政策研究会（KIPIS）、慶應義塾大学日本研究プラットフォームラボの関係各位にも感謝したい。

個別にお名前を挙げることはできないが、日本と世界各地（東京、大阪、箱根、シンガポール、ロンドン、ウッドストック、オタワ、ベルリン、ソウル、北京、上海、ラスベガス、ワシントンDC、ニューヨーク、パロアルト、ホノルルなど）で議論を交わしたり、質問に答えたりしてくださった皆さんにも感謝の気持ちを伝えたい。ドイツのキール港からフランスのブレスト港までの海上で交わした海上自衛隊の皆さんとの議論は思い出深い。

本書は、すでに発表した原稿を元に加筆・修正したところがある。主なものは以下の通りである。

- 土屋大洋「デジタル通信傍受とプライバシー——米国におけるFISA（外国インテリジェンス監視法）を事例に」情報通信学会編『情報通信学会誌』第九一号、第二七巻二号、二〇〇九年、六七〜七七頁。
- 土屋大洋「日本のサイバーセキュリティ対策とインテリジェンス活動——二〇〇九年七月の米韓同時攻撃への対応を例に」『海外事情』二〇一一年六月号、一六〜二九頁。
- 土屋大洋「サイバーセキュリティのグローバル・ガバナンス——国際的な規範の模索」『Nextcom』第一四号、二〇一三年、四〜一一頁。

●土屋大洋「米国におけるサイバーサイバーセキュリティ政策」日本国際問題研究所編『米国内政と外交における新展開』二〇一三年三月、一三三〜一四六頁。
●土屋大洋「第四と第五の作戦空間の登場：宇宙とサイバーの交差」日本国際フォーラム「『宇宙に関する各国の外交政策』についての調査研究提言・報告書」二〇一三年三月、六一〜六九頁。
●土屋大洋「序論　作戦領域の拡大と日本の対応——第四と第五の作戦領域の登場」『国際安全保障』第四一巻一号、二〇一三年六月、一〜一一頁。
●土屋大洋「プリズム問題で露呈した、オバマ政権下で拡大する通信傍受とクラウドサービスの危うさ」DIAMOND ONLINE、二〇一三年六月一七日。
●土屋大洋「米国のサイバーセキュリティ政策」『海外事情』二〇一四年三月号、四六〜五九頁。
●土屋大洋「サイバーセキュリティとインテリジェンス機関——米英における技術変化のインパクト」『国際政治』第一七九号、二〇一五年二月、四四〜五六頁。
また、雑誌『治安フォーラム』では二〇一三年七月から連載の機会をいただいた。小畠毅編集長と編集スタッフの皆さんに感謝したい。

インテリジェンスの世界を描こうとするとき、そこには常に「秘密」の壁が立ちはだかる。記述にあたっては慎重を期したつもりだが、外部から見ているために記述が時代遅れになっていたり、誤認・誤解をしていたりする可能性は残る。読者の叱正を仰ぎたい。

笹川平和財団からは本書のベースとなるプロジェクトへ寛大な資金援助をいただいた。国際社会経済研究所の共同研究にも複数年にわたって参加することができ、中国および欧米諸国を回ることができた。記して感謝したい。

本書の出版にあたってはKDDI財団による寛大な著書出版助成を受けた。KDDI財団およびKDDI総研の皆さんに御礼を申し上げる。

編集を担当してくださった千倉書房の神谷竜介さんには実にたくさんのことを教えていただいた。単なる仕事以上のものとして編集を真摯に捉えておられる神谷さんと一緒に仕事ができて良かった。写真を提供してくれた橋本タカキさん、デザイナーの米谷豪さんにも感謝する。

最後になるが、調査のために家を空けることが多かった筆者を支えてくれた家族に、心からの感謝を伝えて筆を擱くこととしたい。

二〇一五年二月二二日

土屋大洋

マ行

ラ行

主要人名索引

ア行

カ行

サ行

タ行

ナ行

ハ行

ナ行

ハ行

マ行

ヤ行

ラ行

ワ行

サ行

タ行

主要事項索引

英字

ア行

カ行

［著者略歴］
土屋大洋（つちや・もとひろ）
慶應義塾大学大学院政策・メディア研究科兼総合政策学部教授、博士（政策・メディア）
1994年慶應義塾大学法学部卒業。慶應義塾大学大学院法学研究科で修士号、慶應義塾大学大学院政策・メディア研究科で博士号取得。2011年より現職。慶應義塾大学グローバルセキュリティ研究所（G-SEC）上席研究員、総務省情報通信政策研究所特別上級研究員、国際大学グローバル・コミュニケーション・センター上席客員研究員を兼任。2014年2月から2015年2月まで米国ハワイ州のイースト・ウエスト・センター客員研究員。主要著作に『情報とグローバル・ガバナンス――インターネットから見た国家』『情報による安全保障――ネットワーク時代のインテリジェンス・コミュニティ』（ともに慶應義塾大学出版会）、『サイバー・テロ 日米vs.中国』（文藝春秋）、共著として『ネットワーク時代の合意形成』（NTT出版）などがある。

サイバーセキュリティと国際政治

二〇一五年四月二一日　初版第一刷発行
著者　土屋大洋
発行者　千倉成示
発行所　株式会社 千倉書房
〒一〇四－〇〇三一
東京都中央区京橋二－四－一二
〇三－三二七三－三九三一（代表）
http://www.chikura.co.jp/
印刷・製本　精文堂印刷株式会社
造本・装丁　米谷豪

ISBN 978-4-8051-1056-0 C0031

外交的思考
北岡伸一 著
外交の基礎は冷静な現状分析と歴史の振り返りである。確かな歴史認識に裏打ちされた日本政治・外交への洞察を読む。
❖四六判／本体 一八〇〇円＋税／978-4-8051-0986-1

「普通」の国 日本
添谷芳秀＋田所昌幸＋デイヴィッド・ウェルチ 編著
「日本が普通の国になる」とはどのような状況を指すのだろう。それは可能なのか、望ましいのか、世界はどう見るのか？
❖四六判／本体 二八〇〇円＋税／978-4-8051-1032-4

増補新装版 インテリジェンスの20世紀
中西輝政＋小谷賢 編著
情報なくして国家なし。インテリジェンスの裏面史が描き出す20世紀国際政治の実相と21世紀日本外交への指針。
❖A5判／本体 三八〇〇円＋税／978-4-8051-0982-3

表示価格は二〇一五年四月現在

千倉書房